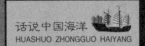

话说中国海洋
HUASHUO ZHONGGUO HAIYANG

资源系列

侍茂崇 主编

话说海洋动力资源

侍茂崇 编著

SPM
南方出版传媒
广东经济出版社
·广州·

图书在版编目（CIP）数据

话说海洋动力资源/侍茂崇编著. —广州：广东经济出版社，2014.10

（话说中国海洋资源系列）

ISBN 978-7-5454-3520-7

Ⅰ.①话… Ⅱ.①侍… Ⅲ.①海洋动力资源-中国 Ⅳ.①P743

中国版本图书馆 CIP 数据核字（2014）第 162382 号

出版发行	广东经济出版社（广州市环市东路水荫路11号11~12楼）
经销	全国新华书店
印刷	广州市岭美彩印有限公司 （广州市荔湾区芳村花地大道南，海南工商贸易区A幢）
开本	730毫米×1020毫米 1/16
印张	11　2插页
字数	200 000字
版次	2014年10月第1版
印次	2014年10月第1次
印数	1~5 000册
书号	ISBN 978-7-5454-3520-7
定价	45.00元

如发现印装质量问题，影响阅读，请与承印厂联系调换。
发行部地址：广州市环市东路水荫路11号11楼
电话：（020）38306055　38306107　邮政编码：510075
邮购地址：广州市环市东路水荫路11号11楼
电话：（020）37601950　营销网址：http://www.gebook.com
广东经济出版社新浪官方微博：http://e.weibo.com/gebook
广东经济出版社常年法律顾问：何剑桥律师
·版权所有　翻印必究·

《话说中国海洋》丛书编委会

主　　　任：林　雄（中共广东省委常委、宣传部部长）
副 主 任：顾作义（中共广东省委宣传部副部长）
　　　　　　朱仲南（广东省新闻出版局局长）
　　　　　　王桂科（广东省出版集团董事长）
　　　　　　于志刚（中国海洋大学校长）
　　　　　　潘迎捷（上海海洋大学校长）
　　　　　　何　真（广东海洋大学校长）
　　　　　　徐根初（中国人民解放军军事科学院原副院长、中将）
　　　　　　张召忠（国防大学教授、博导，海军少将）
　　　　　　张　偲（中国科学院南海海洋研究所所长）

编　委

王殿昌（国家海洋局规划司司长）
吕彩霞（国家海洋局海岛管理司司长）
朱坚真（广东海洋大学副校长）
张海文（国家海洋局海洋发展战略所副所长）
郑伟仪（广东海洋与渔业局局长）
李立新（国家海洋局南海分局局长）
吴　壮（农业部南海渔政局局长）
杜传贵（南方出版传媒股份有限公司总经理）
倪　谦（中共广东省委宣传部出版处处长）
刘启宇（中共广东省委宣传部发改办主任）
何祖敏（南方出版传媒股份有限公司副总经理）
李华军（中国海洋大学副校长）

封金章（上海海洋大学副校长）

陈　勇（大连海洋大学副校长）

何建国（中山大学海洋学院院长）

金庆焕（广州海洋地质调查局高级工程师、中国工程院院士）

李　杰（海军军事学术研究所研究员）

沈文周（国家海洋局海洋战略研究所研究员）

黄伟宗（中山大学中文系教授）

司徒尚纪（中山大学地理科学与规划学院教授）

侍茂崇（中国海洋大学海洋环境学院教授）

向晓梅（广东省社会科学院产业研究所所长、研究员）

庄国土（厦门大学南洋学院院长、教授）

李金明（厦门大学南洋学院教授）

柳和勇（浙江海洋学院海洋文化研究所所长、教授）

齐雨藻（暨南大学水生物研究所所长、教授）

黄小平（中国科学院南海海洋研究所研究员）

陈清潮（中国科学院南海海洋研究所研究员）

何起祥（国土部青岛海洋地质研究所原所长）

莫　杰（国土部青岛海洋地质研究所研究员）

秦　颖（南方出版传媒股份有限公司出版部总监）

姚丹林（广东经济出版社社长）

总序
Zong Xu

林 雄

　　自古以来，在华夏文明的辞典中，就不乏"海国"一词。华夏民族，并不从一开始就是闭关锁国的，而是有着大海一般宽阔的胸怀。正是大海，一直激发着我们这个有着五千年历史的文明古国的想象力和创造力。一部中国海洋文化的历史是波澜壮阔的历史，让后人壮怀激烈，意气风发。

　　金轮乍涌三更日，宝气遥腾百粤山。
　　影聚帆樯通累译，祥开海国放欢颜。

　　古人寥寥几行诗，便把广东遍被海洋文明之华泽，充分地展现了出来。两千多年的海上丝绸之路，就是从广东起锚，不仅令广东无负"天之南库"之盛名，更留下千古传诵的"合浦珠还"等众多的神话传说。而指南针的发明，造船业的兴盛，尤其是航海牵星术，更令中国之为海国，赢得了全世界的声望。唐代广州的"通海夷道"、南汉的"笼海得法"、宋代的市舶司制度，充分显示了我们作为海洋大国的强势地位。明代郑和七下西洋，更创造了古代对外贸易、和平外交的出色典范。尽管自元代开始，有了禁海的反复，但明清"十三行"在推动开海贸易上功不可没，并带来了大航海时代先进的人文与科学思潮，也为中国近代革命作出长期的铺垫，成为两千多年海上丝绸之路上的华彩乐段。新中国的广交会，可以说是"十三行"的延续，为打破列强的海上封锁，更为今日走向全面的对外开放，功高至伟。改革开放之初，以粤商为主体的国际华商，成为中国来自海外投资最早的，也是最大的份额。这也证实了中国民主革命的先驱孙中山先生所说的，国力强弱在海不在陆。海权优胜，则国力优胜。他的海洋实力计划,更在《建国方略》中一一加以了阐述。进入21世纪,中国制定了《全国海洋经济发展规划纲要》,提出了要把我国建设成为海洋强国的宏伟目标。海洋强则国家强,海业兴则民族兴。曾经有着辉煌的海洋文明的中国历史和现实充分印证了这一点。

正是在这个意义上,国家的强盛,历史之进步,无不与海洋相关。今日改革开放之所以取得如此巨大的成功,包含了当日海洋文化传统得以发扬光大的成果。在经济腾飞的今天,文化在综合竞争力中的地位已日益突出。而作为华夏文化的重要组成部分之一——海洋文化,更早早显示出其强劲的势头。当我们致力于提高文化的创新力、辐射力、影响力与形象力之际,更应当从海洋文化中吸取取之不竭、用之不尽的活力源泉。

为此,我们出版《话说中国海洋》丛书,给海洋文化建设添加一汪活水,为推动广东乃至全国的海洋经济建设,使我国在更高层次、更宽领域参与国际合作与竞争,发挥一份力量。丛书亦可进一步增强国民的海洋意识,让国民认识海洋,了解海洋,普及海洋知识,激发开发海洋、维护海权的热情。这在当前,是一件很有现实意义的事情。

历经千年不息的海上丝路,来往的何止是数不胜数的宝舶,奔腾而来的更是始终推动世界文明进步的海洋文化。灿烂的东方海洋文化走到今天,当有更辉煌的乐章,从展开部推向高潮部,愈加丰富多彩,愈加激动人心。《话说中国海洋》丛书的出版,当为这一高潮部增色,令高亢、激越的乐曲久久回荡在无边的大海之上,永不止歇!

是为序。

(作者系中共广东省委常委、宣传部部长)

前言 耕耘蓝色的海水，播种人类的希望 /1

第一章 琼鳌驾水，日夜朝天阙 /1
——浅谈潮汐能利用

第一节 早潮才落晚潮来 /1
——恪守信用的潮汐

何谓潮汐 /1

潮汐运动是怎样引起的 /3

潮汐中一些常用名字 /5

潮汐类型 /6

我国海区的潮型 /7

第二节 翻江倒海山为摧 /8
——巨大潮汐能

潮汐能量和它高度有关 /8

中国近海潮汐能量 /11

潮汐能利用历史 /12

第三节 从磨坊到电厂的华丽转变 /15

潮汐发电的基本原理 /15

单库单向电站 /17

单库双向电站 /19

双库双向电站 /22

大型潮汐发电典范——朗斯发电站 /22

第四节 风物长宜放眼量 /26

潮汐电站喜忧参半 /26

现状与展望 /29

第二章　川流不息　涓涓不壅　/32
——浅谈海流发电

第一节　有生命之海的大动脉　/32
　　何谓海流　/32
　　海流能量的估算　/37

第二节　一把"伞"，开创了一个时代　/38
　　发电基本原理　/38
　　花环式发电装置　/39
　　水平轴式涡轮机发电　/40
　　垂直轴式涡轮机发电　/44
　　振荡水翼式系统　/46

第三节　放飞新的梦想　/47
　　世界海流能分布　/47
　　海流能开发的投资　/48
　　发展中的问题　/49
　　南海潮流能密度最大海域　/50
　　我国海流能资源发展规划建议　/52

第三章　惊涛拍岸，卷起千堆雪　/54
——浅谈波浪能发电

第一节　警笛的启示　/54
　　神奇的警笛　/54
　　第一个波浪发电装置问世　/55
　　波浪发电方兴未艾　/56

第二节　大风吹起"翠瑶山"　/58
　　无风不起浪　/58
　　无风也有三尺浪　/59

第三节　海浪是怎样运动的　/60
　　波形向前传送　/60
　　描述波形常用哪些名字　/61

第四节　波浪能是怎样计算的　/63
　　总能量　/63
　　全世界海洋波能估计　/64
　　波能集中在表层　/65
第五节　波能的利用　/65
　　分类　/66
　　波能转换过程　/67
第六节　振荡水式柱　/68
　　　　　　——波浪发电之一
　　固定式气体传动　/68
　　浮动式气体传动　/69
　　固定式气—水—气传动　/70
第七节　上下抽动式　/72
　　　　　　——波浪发电之二
　　抽水泵式　/72
　　打气筒式　/73
　　最新进展　/74
　　电磁感应式　/76
　　海明号　/78
第八节　前后摇摆式　/79
　　　　　　——波浪发电之三
　　荡波（WaveRoll）式　/79
　　布里斯托尔（Bristol）圆柱　/80
　　牡蛎式　/81
　　萨蒂尔鸭子　/82
　　谐振弧线式（WRASPA）　/84
第九节　波浪爬高式　/86
　　　　　　——波浪发电之四
　　固定式　/86
　　浮动式　/87

第十节　垂直摇摆式（筏式）　/89
　　　　　——发电波能利用之五
　　柯克魁尔筏式发电　/89
　　"海蛇"（Pelamis）的出现是这一思想的得力体现　/90
　　"巨蟒"带给人又一个巨大惊喜　/93

第十一节　商机评估　/96
　　投资　/96
　　维护　/97

第十二节　我国波浪发电进展　/99
　　我国波能利用现状　/99
　　我国海域哪里波能密度最大　/101

第十三节　前景光明，问题不少　/103
　　发电装置在岸上　/103
　　发电装置在海上　/104
　　提高波能发电实用化水平　/105
　　是否离岸越远，波能越大　/107

第四章　气蒸云梦泽，冰心在玉壶　/110
　　　　　——浅谈温差发电

第一节　克劳德的"魔术"实验　/110
　　水可以使电灯亮起来　/110
　　若问此中深浅，天高浮云远　/111

第二节　如何将温差变成电能　/114
　　选择能量传递流体　/114
　　封闭还是开放　/118
　　新材料带来新思考　/121
　　热量能无限转化　/122

第三节　国外温差发电现状　/123

第四节　我国利用温差能的诱人前景　/128
　　南海诸岛利用温差发电的潜在商机　/128
　　广厚的黄海冷水团有巨大的利用前景　/129

海南岛东部夏季也存在巨量的低温水　/135

温差能利用有巨大前景　/137

第五章　浓度差、压力差和风力发电　/139

第一节　多情反被无情妒　/139
——浅谈浓度差发电

小实验大道理　/139

第一座浓度差发电机问世　/142

前景瞻望　/143

第二节　水上风车连广宇　/144
——风力发电种种

风能——太阳能的另一种存在形式　/144

风能怎样变成电能　/145

浅水风力发电代表作　/146

向深水进军的困难　/147

海上风力发电的现状　/149

战斗正未有穷期　/153

第三节　深海压力也有用　/154

第四节　海上太阳能利用　/155

第五节　未来海洋很精彩　/158

波浪送你去远航　/158

海洋远处建家乡　/158

前　言
耕耘蓝色的海水，播种人类的希望

　　海水没有生命，但是它是生命的本源。大海是人类的母亲，人类起源于大海，在大海的怀抱里度过他们幼稚的童年。大海是自由的元素，大海是豪迈、雄奇、辽阔的象征。大海有巨大的、取之不尽、用之不竭的再生能源，大海是21世纪人类解决自身难题、回归本源的重要条件。

　　能源是人类赖以生存发展的基础因素之一，人类历史上每一次巨大的飞跃无不与能源的开发利用有关，而一次次的全球危机也与能源紧密相连。第一次能源变革实现煤炭代替薪柴的能源转换；第二次世界大战之后，石油的消费从1950年的27%上升到1967年的40.4%，同期煤炭比重则从61%下降到38.8%，标志着人类社会进入到"石油时代"。随着石油时代的到来，带给人类的不仅仅有经济的高速发展和前所未有的繁荣，还有一次次石油危机和随之而来的战争，以及在开发利用能源的过程中产生的温室气体导致气候变暖、固体废弃物污染等等所产生的一系列隐患。20世纪70年代起，人类面临三大难题：适宜居住的空间越来越小，人类生活的环境越来越差，可资利用的陆地资源越来越缺乏：据估算结果，石油储量约为1180亿～1510亿吨，以1995年开采量3.2亿吨计算，大约到2250年基本告罄；天然气估计储量为131800兆～152900兆立方米，按年开采量2300兆立方米计算，那么在57～65年内也将枯竭；煤的储量约为560亿吨，1995年煤炭开采量为33亿吨，据此计算，可以供应169年，形势也是不容乐观的。此外，上述计算是按每年不变的结果，实际上石油和煤炭消耗每年递增1%。而石油、天然气和煤炭都是有限的、不可再生的。只有使用可再生的、无污染的能源，再能最终使人类走出生存的困境。

　　可再生能源主要包括太阳能、风能、水能、生物质能、地热能和海洋能等。海洋能中有的是可以看得见的，如波涛汹涌的海浪，规律性涨落的潮汐，往复或旋转着的潮流，以及朝一个方向奔流不息的海流等。有的用肉眼却不易察觉，如大气与海洋的热量交换，海水的热运动以及海水因浓度差而引起的运动等等，这些都是可再生的能源。即它们在自然界中是可以不断再生、永续利用、取之不尽、用之不竭的资源。

因此，科学家提出，人类起源于海洋，现在要重新返回到海洋中去，只有广阔富饶的海洋才能解决上面所说的三大难题。人类的口号是：耕耘蓝色的海水，播种人类的希望。

可再生能源对环境无害或危害极小，为了说明这个问题，我们在表1中列出部分海洋再生能源的污染物排放数量，从表1中可以看出：每生产1度电量，CO_2排放量最多不超过22克，SO_2最多不超过0.19克，NO_x最多不超过0.08克。且源分布广泛，适宜就地开发利用。有资料显示，风力发电一度，可相应减少960克CO_2的排放量，每千瓦时风电能创造0.25元的环境效益，被誉为"绿色电力"。

表1 部分岸外再生能源中产生的污染物[16]

污染物	潮流能发电（g/kWh）	波能发电（g/kWh）	风能发电（g/kWh）	1993年英国平均产生（g/kWh）
CO_2	12	14~22	12	654
SO_2	0.08	0.12~0.19	0.09	7.8
NO_x	0.03	0.05~0.08	0.03	2.2

地球表面积约为5.1亿平方公里，其中陆地面积为1.4亿平方公里，占总面积的29%，海洋面积达3.61亿平方公里，占总面积的71%。在浩瀚的海洋里，蕴藏着极为丰富的自然资源和巨大的可再生能源，据专家估计，全世界的波浪能量每秒钟为2.7×10^{12}瓦，每年的波能总量为236520亿千瓦·小时；潮汐能约为255442亿千瓦·小时，海流能约为473040亿千瓦·小时，温差能约为189216亿千瓦·小时，盐差能约为245980亿千瓦·小时。此外，海面上的太阳能蕴藏量约为756864亿千瓦·小时，风能约为94608~946080亿千瓦·小时。这样巨额的海洋能源含量如能充分开发利用，将是何等巨大的能源库。

海水中巨大能量的来源主要是太阳。到达地球上的太阳能每年为3.8×10^{24}焦耳，每秒钟平均为10^{17}瓦，约为目前人类年耗能量的1万倍。辐射到地球上的太阳能，使得大气与海洋之间不停顿地发生着各种运动，其中大约3/4转变为风、洋流和波浪的能量；大约20%转变为海水的蒸发和凝结，也就是说，海水所取得的热量和海水蒸发与凝结的热量差有关。因此，从能量的角度上来看，太阳能是海水动力能量的主要供给者。而海洋动力资源的总量相当于地球上全部动植物生长所需能量的1000多倍。

我国海洋能资源非常丰富，而且开发利用的前景广阔。全国大陆海岸线长达18000多公里；还有6000多个岛屿，其海岸线长约14000多公里；整个海域达490万平方公里。其地处低纬度的南海，海域达360万平方公里。入海的河流淡水量约为2.3万亿立方米/年。如果将我国的海洋能资源转换为有用的动力值，至少可达13140亿千瓦·小时，比我国目前电力总装机容量还多。在海洋能的开发利用方面，当前我国还仅仅处于起步阶段，一些沿海地区先后研制成了各种试验性的发电装置，并建成了试验性的潮汐电站等，为今后进一步开发利用海洋能源打下了初步基础。

海洋能开发市场化运作难度大。我国乃至世界海洋能利用都还处于初级阶段，技术不成熟，投入有风险，难以和其他类型能源开发在同一个市场上竞争，使得海洋能利用除国家投资的少数试验电站外，其他民营资本很难插足其中，能源已成为目前制约中国经济进一步发展的瓶颈之一，能否找到大量的、可持续的能源供应，将决定中国今后几十年经济发展的成败。

从长远来看，石油和煤炭等化石能源总会耗尽，重视海洋能源开发是未雨绸缪。提高能源效率和发展可再生能源已成为全球共识，世界各国都将推动可再生能源的发展当作21世纪的基本发展战略。欧盟提出可再生能源在一次能源中的比例要由1997年的6%提高到2010年的12%，2020年的20%，2050年将达到50%，可再生能源电力在整个电力中的比例由1999年的14%提高到2010年的22%；美国到2025年除水电外可再生能源生产将为2000年的2倍，其中加利福尼亚可再生能源发电将从2002年的12%提高到2017年的20%。国际社会发展可再生能源出于以下考虑：能源安全和能源供应多元化；减少温室气体排放；减少化石燃料造成的环境污染；替代核能；创造就业机会，发展中小型企业；扩大技术和装备出口。

近年来，随着我国能源消费的迅速增长，能源安全问题和能源环境问题越来越成为国内各界和国际社会高度关注的问题。国家发改委日前确定了6种可再生能源（水力、风力、生物质、太阳能、海洋能、地热能），并且通过《中华人民共和国可再生能源法》，将大大促进我国再生能源的利用。可再生能源的开发利用是新世纪重要战略任务。

从我国现代化建设和能源结构优化、能源可持续利用以及能源科技进步的长期进程来看，加快可再生能源的开发利用，对保障我国能源安全，缓解我国能源环境压力，促进新农村建设，实现建设资源节约型和环境友好型社会的目标，都具有深远的意义。特别是西沙、南沙及其他远离大陆的岛屿，完全依靠大陆供应能源，供应线过长，生产生活困难，很大程度上阻碍了这些岛屿的发展和国防力量的提高。而再生能源法的适时通过和实施，不仅为我国可再生能源的发展奠定了比较完整的法律框架，也向国际社会宣示了我国走能源清洁发展之路的坚强决心。对这些可再生能源进行研究和开发利用，可以为我国沿海及海岛农村提供新能源，对保持海洋经济社的持续、稳定、协调发展意义重大。

第一章
琼鳌驾水，日夜朝天阙
—— 浅谈潮汐能利用

据古籍《列子·汤问篇》中记载，渤海之东有个无底洞，名曰"归墟"。归墟里有条大海鳅（又称鳌），能纳水弄潮。每天早晨它出来找吃的东西就掀起一阵阵潮水，于是大海开始涨潮了；当它回到归墟睡觉的时候，它又把大量的海水带回去，于是大海开始落潮了。这一涨一落，就形成了大海的"潮汐"。由于古海鳅的活动十分准时，所以大海的潮汐很有规律。实际这只是神话传说。

第一节　早潮才落晚潮来
—— 恪守信用的潮汐

唐代诗人白居易："早潮才落晚潮来，一月周流六十回。不独光阴朝复暮，杭州老去被潮催"，就是对潮汐最好的注释。

何谓潮汐

凡是到过海边的人都会发现：有时候海水涨到了岸边，一望无际的海面上，滚动着万顷波涛，船只往来如梭，奔驰船只，浮沉于波光霞影之中；有时候海水却退到了离岸很远的地方，大片的泥滩、沙洲露出水面，儿童们卷起裤腿，嬉笑着在海滩上捡拾贝壳、藻类和落在水湾中小鱼（图1-1）。居住在台湾海峡以北沿海的人，能看到海水一天有两涨两落；而居住在南海特别是北部湾沿岸的人，大多数时间内每天只能看到一涨一落。不管一天两涨两落，还是一涨一落,每天涨落时间都要比前一天推迟50分钟。这种有规律的涨落现象,就叫潮汐。

图1-1 海滩拾贝

关于潮汐的名字来源,上可追溯到春秋之际。当时所谓华夏文明,只限于今河南、陕西、山西、山东、河北诸省境内,此一区域即当时所谓"中国"。古人之世界观,以海为边际,故有"四海"及"海内"之称。那时之"四海"不是指现在地图上之渤海、黄海、东海、南海,而是指中国四周之海,以海为天尽头也,即世界到此为止。那时古文中虽有"九州"一词,也只是一个空泛的名称(顾颉刚,2004),不要领会为"九块大陆",认为中国人早就知道世界版图了。因此,最早记载海水涨落的只能见于"北方人"对半日潮现象的描述:如果早晨6点钟海水开始上涨,那么晚上7点之后,海水又会重复这一过程。我国古书有"大海之水,朝生为潮,夕生为汐"的记载,"水"能"朝夕"相见,就变成"潮汐"了。

东汉时,出了一位"海洋界"名人,他叫王充(公元27~97年)。王充祖籍河北大名,因几世从军有功,骁勇善战,后被封到会稽阳亭,即现在江浙一带,由燕赵之地迁居秀水江南,他也得以接触海洋。会稽郡征聘他为功曹(官职名),因为多次和上级争论,愤而辞职离开。他认为庸俗的读书人做学问,大多数都失去儒家的本质,于是闭门思考,谢绝一切庆贺、吊丧等礼节,窗户、墙壁都放着刀和笔。写作了《论衡》八十五篇,二十多万字,解释万物的异同,纠正了当时人们疑惑的地方。在《论衡·书虚篇》中明确指出潮汐运动对月球的依赖关系:"涛之起也,随月盛衰。"比外国人对潮汐认识早了几百年,至今我辈仍然以此为无上骄傲。

潮汐运动是怎样引起的

王充说:"涛之起也,随月盛衰",这里"涛"即是"潮"。这句话意思是,潮汐涨落的高度和时间,和月亮有关。

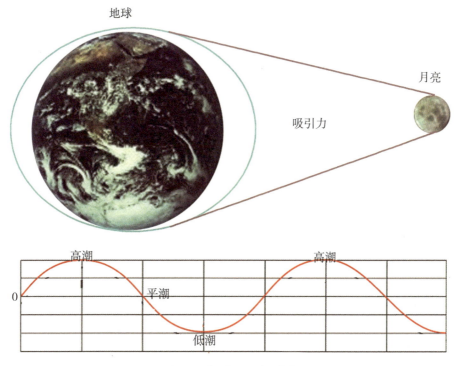

图1-2 涛之起也,随月盛衰

但是,王充只解释了潮汐形成主要原因,实际上,潮汐涨落不仅与月亮有关,与太阳也有扯不断的联系。

由于太阳距离我们太远,它的引潮力比月亮小得多:只有月球引潮力的1/2.17。即使如此,太阳引潮力也是不能忽视的:每逢农历初一、十五,太阳和月亮在一条直线上,两个引潮力"力往一块用,劲往一处使",就会产生大潮；初八、二十三这两天，太阳与月亮位置成直角，这时两个引潮力互相抵消一部分，因此，水位涨的不高，落的也不低，潮差不大（图1-2）。民间常说的"初一十五涨大潮，初八二十三，到处都是烂泥滩"是对王充那句话很好的注解。另外，由于月球每天在天球上东移13度多，合计为50分钟左右，因此，每天月亮到达头顶时刻都要向后推迟50分钟，故每天涨潮的时刻也相应推迟50分钟左右。

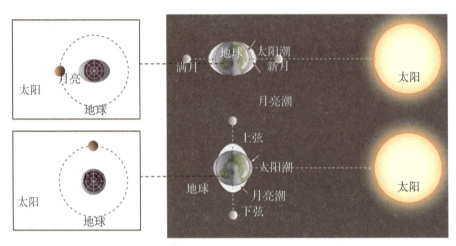

图1-2　太阳与月亮对地球上海水涨落的影响

居住在海边的人都知道这个规律，在大潮水落到最低时刻，平时藏在海水下面的岩石裸露出来，这是打海蛎子最佳时机（图1-3）。

图1-3　大潮低潮时孩子们在敲打石头上的牡蛎

潮汐中一些常用名字

（1）潮高。

是从基准面算起的水位高度。高潮高就是指高潮面到基准面的距离；低潮高是指低潮面到基准面的距离。而高潮面与低潮面的垂直距离叫做潮差。

（2）高低潮间隙。

高潮间隙：为当地时间月亮处于观测者的头顶（或足下地球另一面）时刻起，到当地海水第一个高潮出现时止的时间间隔，称为高潮间隙，通常取其平均值。

低潮间隙：当地时间月亮处于观测者的头顶（或足下地球另一面）时刻起，到当地海水第一个低潮出现时止的时间间隔，称为低潮间隙，通常取其平均值。在半日潮海区，平均高潮间隙和平均低潮间隙一般相差6小时12分。

（3）涨潮、落潮、平潮与停潮。

从低潮到高潮这段时间内海面不断上升的过程称为涨潮。海面达到一定高度以后，水位短时间内不涨也不退，这种现象称为平潮。平潮的中心时就是高潮时。平潮时过后，海面开始下降，叫做落潮。和涨潮的情况类似，海面下降到一定高度以后，也发生海面不退不涨的现象，叫做停潮。停潮的中间时就是低潮时（图1-4）。

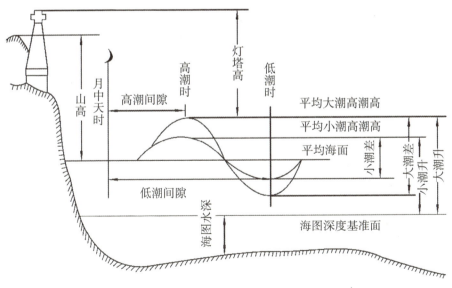

图1-4 潮汐中一些常用名字

（4）平均海面。

海面升降的平均位置。它是由长期观测记录算出来的。海图深度基准面或陆地的山脉、建筑物的高度计算，都根据平均海面来确定。

潮汐类型

潮汐的涨、退现象是因时因地而异的，但是从涨、退周期来说，却可以分为以下几种类型（1-5）：

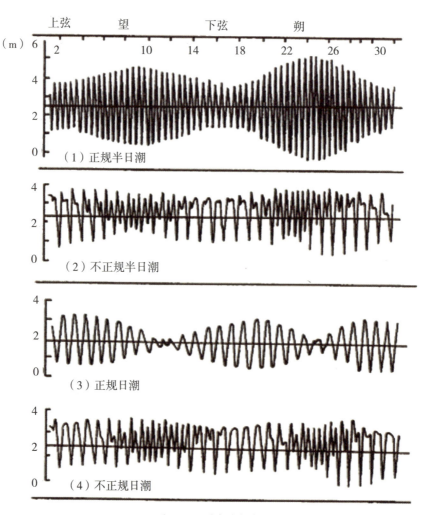

图1-5　四种潮汐类型

（1）正规半日潮。

在近25个小时内发生两次高潮和低潮。两个高潮和两个低潮的高度都相差不大，而涨、退历时也很接近（6小时12分）。

（2）不正规半日潮。

即近25个小时内有两次高潮和低潮，但是，两相邻的高潮或低潮高度不等。涨潮时和低潮时也不等。

（3）正规日潮。

在近25个小时内只有一个高潮和低潮。在半个月中，至少有一半天数是日潮型。

（4）不正规日潮。

不正规日潮，即在半个月中一天出现一次高潮和低潮的潮型天数少于7天，其余天数均为不正规半日潮潮型。

我国海区的潮型

渤海，多为不正规半日潮，只有秦皇岛、老黄河口附近为正规日潮；黄海多属正规半日潮，只有山东半岛附近和海州湾以东部分海域是不正规半日潮；东海多属正规半日潮，只有局部海域受地形影响（如杭州湾南岸的镇海至穿山、定海附近）属不正规半日潮；南海大部分海域是以不正规日潮为主，台湾海峡南部、粤西沿岸属于不正规半日潮，北部湾北部、中南半岛沿岸和泰国湾是正规日潮。

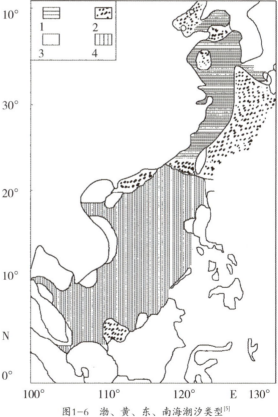

图1-6 渤、黄、东、南海潮汐类型[5]
1.正规半日潮；2.不正规半日潮；3.正规日潮；4.不正规日潮

第二节 翻江倒海山为摧

——巨大潮汐能

海潮是一种自然现象,也是一道奇观。由于它能量巨大,气势恢弘,变化多姿,早就成为诗人墨客最为称道的风景线。中唐诗人刘禹锡"八月涛声吼地来,头高数丈触山回。须臾却入海门去,卷起沙堆似雪堆"的诗句,千百年脍炙人口;北宋词人苏轼"鲲鹏水击三千里,组练长驱十万夫,红旗青盖互明灭。黑沙白浪相吞屠"的诗篇,无数善男信女为之倾倒!

潮汐能量和它高度有关

潮汐能包含两个部分:势能和动能。势能是水体升降,动能是水体流动,即潮流。我们这里讲的潮汐发电即使利用潮水升降的势能。就半日潮而言,它的功率P计算公式:

$$P=9.81 \times V \times H \backslash (12.4 \times 3600)(千瓦)$$

式中V为高潮和低潮之间蓄水容积;H为平均潮差。如果湾内面积F以平方公里计算,则潮能功率又可写成:

$$P=220H^2F(千瓦)$$

由这个公式可以看出,潮汐能量与潮差平方成正比,潮差越大,发电的功率也就越大(表1-1)。

表1-1 每平方公里海面潮能的蕴藏量与潮高关系

潮差(米)	可以发电最大功率(千瓦)	潮差(米)	可以发电最大功率(千瓦)
2.5	1375	6.5	9295
3.0	1980	7.0	10780
3.5	2695	7.5	12375
4.0	3520	8.0	14080
4.5	4455	8.5	15895

（续表）

潮差（米）	可以发电最大功率（千瓦）	潮差（米）	可以发电最大功率（千瓦）
5.0	5500	9.0	17820
5.5	6661	9.5	19855
6.0	7920	10.0	22000

由表1-1可以看出，潮差10米时所蕴藏的功率为潮差3米时的11倍还多。不言而喻，人们总是喜欢选择潮差大的地方来发电。现将世界上十几个潮差最大的地区列表于表1-2中。这些数据引自苏联《为人类服务的海洋能量和化学资源》一书，虽然有的数字可能不够确切（例如，对我国杭州湾潮高的资料偏大），但表示这些地方潮差很大，则是确信无疑的。但一般来说，平均潮差在3米以上就有实际应用价值。潮汐能是因地而异的，不同的地区常常有不同的潮汐系统，他们都是从深海潮波获取能量，但各自独具特征。全世界海洋潮差最大的区域如图1-7所示。近岸最大潮差水域列于表1-2中。

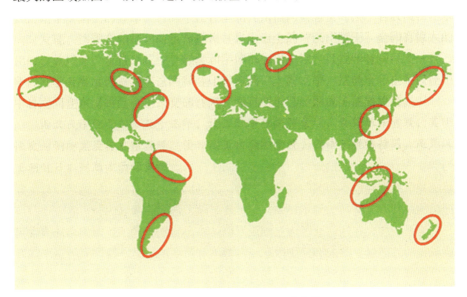

图1-7 世界海洋潮差最大海域[3、9、10]

表1-2 世界上几个最大的潮差地区

最大潮差出现地区和所属国家	最大潮差（米）	
	平均值	极端值
芬迪湾（加拿大—美国）	14.0	18.5
弗罗比歇湾（加拿大）	13.6	16.3
加耶戈斯（阿根廷）	13.6	16.8
塞文河口（英国）	13.1	16.5
蒙-先-米舍里港（绍泽岛，法国）	12.6	15.0
科克苏阿克河口（加拿大）	11.7	15.0
菲茨罗依河口（澳大利亚）	11.0	14.0
汉江口（朝鲜）	10.3	13.2
基日加湾（鄂霍次克海，俄罗斯）	10.0	—
科罗拉多河口（墨西哥）	9.5	12.3
杭州湾（中国）	9.1	11.7
谢姆扎河口（美晋湾，俄罗斯）	8.6	10.0
库洛伊河口（美晋湾，俄罗斯）	8.3	10.0
阿勃拉其采卡灯塔（美晋湾，俄罗斯）	7.3	9.7

特别是在一些港湾与河口处，由于地形的影响（如变浅变窄，海底摩擦等）以及海水与河水拥挤交汇等原因，使这里的潮差往往超过7米，其蕴藏功率也更大。特别是在喇叭状海岸或河口的地区，其潮差就更大。例如，加拿大的芬迪湾、法国的塞纳河口、英国的泰晤士河口、巴西的亚马孙河口、印度和孟加拉国的恒河口、我国的钱塘江口等，都是世界上潮差较大的地区。其中芬迪湾的最高潮差记录达到了18米，是世界上潮差最大的地区。

毫无疑问，在这些地区建立潮汐发电站将是特别有利的。人类由潮能中可能取得的总能量，绝大部分集中在浅海海湾和海峡的地方。我国海域是个浅海区，蕴藏的总潮能达5500万千瓦左右。

然而，能否建成一座潮汐发电站，其因素是多方面的。潮差固然是个重要条件，可是，有无足够开阔的后方以便建成蓄水库；拦潮大坝是否太长，经济上合不合理；远景开发与近期工程的关系；以及建坝以后是否会破坏潮汐的运动规律等等，同样是必须认真考虑的。虽说杭州湾是我国潮差最大的地区，尽管这里的远景规划十分诱人，但是，目前还不能在此建设一个具有一定规模的潮汐发电站，其原因就在于：建造发电站之后可能会使钱塘江涌潮消失，至少会使涌潮奇观大为逊色，这将会引起社会舆论广泛指责。

中国近海潮汐能量

中国沿岸潮差分布的总趋势是：东海最大，南海最小，渤海、黄海居中（图1-8）。各潮差的大小与海底地形、海岸线形状有密切的关系，一般在海区中央潮差较小，逾近海岸潮差较大，港湾内部，尤其是港湾顶部潮差最大。

渤海沿岸。辽东湾顶部最大，营口2.7米，渤海湾顶部次之，塘沽2.5米，其他岸段较小，秦皇岛0.8米，龙口0.9米，渤海海峡为1米左右。

黄海沿岸。辽东半岛南部沿岸

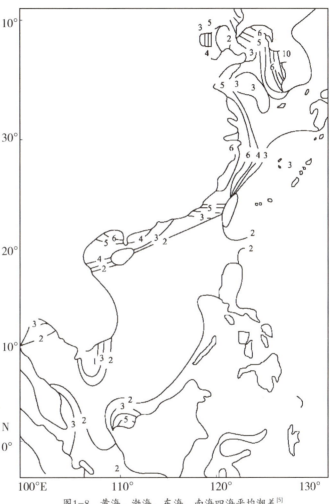

图1-8 黄海、渤海、东海、南海四海平均潮差[5]

白西向东逐渐增大，至东端达最大，大连2.1米，赵氏沟4.0米；山东半岛北部较小，烟台1.7米，成山头最小，仅0.7米。山东半岛南岸自东北向西南逐渐增大，乳山口2.4米，青岛2.8米，石臼所3.0米；苏北沿岸北部小，南部大，一般2.5～3.5米，惟弶港附近最大，达4.0米以上。最大潮差都在黄海东岸的朝鲜半岛附近。

东海沿岸。由北向南渐增，长江口至石浦潮差中等为2.4～3.5米。其中杭州湾东部南岸和舟山群岛的定海一带潮差最小，仅2米左右。杭州湾自湾口向西渐增，金山嘴4.0米，澉浦5.5米，最大值达8.93米，为我国实测潮差极值。浙江的三门湾至福建的泉州湾为中国潮差最大的岸段，一般是4.0米以上。其中乐清湾、沙埕港、三都沃、兴化湾顶部均在5.0米以上。围头湾向南渐小，厦门3.9米，东山2.3米。东海沿岸，特别是三门湾至泉州湾一带是中国潮汐能资源最富集的地区，并且有良好的开发环境条件。

南海沿岸，雷州半岛东岸的北部和北部湾沿岸为南海沿岸最大的区段为2.5～3.5米，其他区段和南海诸岛均较小，仅为0.6～1.5米。

潮汐能利用历史

由于潮汐的规律性明显，潮差最大处又多数是在岸边，因此人们很早就开始应用潮汐能量。追溯历史，它要比电力能应用早好几百年。

最早利用潮汐能量的是阿拉伯人。11世纪的穆斯林地理学家写道：潮水对巴士拉（现在伊拉克海港）的人来说是奇迹和祝福。每天海水拜访两次，海水推动河流，灌溉果园，把船只送往村庄。落潮的时候对磨坊有利，因为磨坊都坐落在河口和其支流。当潮水返回大海的时候，就会推动这些水磨，10世纪的伊拉克人就有了利用潮汐的水磨装置。

英国、法国、西班牙等国的大西洋沿岸，有相当多的地方是用涨落潮的水位差来推动碾磨谷物的水车，为人们磨碎粮食。这种设备被称为"潮汐磨坊"，或者叫"潮汐驴子"。它的特点是：能量大，结构简单，永不衰竭，因而深受当地群众的欢迎。英国到12世纪之前，大约建成了11座潮汐磨坊，13世纪增加到56座，到了17世纪增加到了89座。即使蒸汽机发明之后，潮汐水磨的数量还在增加，19世纪建了27座。现存的遗迹表明，曾经有170座或者更多的潮汐磨跟随着潮水运转。在法国，尤其是布列塔尼海岸，有很多地点适合建造潮汐磨坊。到了13世纪，法国的潮汐水磨沿着大西洋沿岸建造，总数大约有80座。其中大约12~14座位于布列塔尼地区。

潮汐磨坊的基本原理是：在沿岸潮差比较大的地区，利用涨潮把海水纳入一个蓄水池，落潮时关闭进水道，造成内外有一定高度的水位差，然后使海水通过一个专门水车，推动叶轮旋转，从而磨出面米。1438年，意大利人马里阿诺还设计了一张可以利用涨、落潮的具有两个潮汐磨坊的工作图。

在我国山东省蓬莱县境内，有一个南北狭长的海湾，名叫"小海"，历史上这里至少有过两次安装潮汐磨的记载。第一次建磨是在1920年左右，当时小海水位比现在深，水面也较宽阔，一道窄堤横贯东西，将小海分为南北两部分。窄堤东端有一座双孔木板桥，两侧桥墩相距8米，两个桥洞之间均有木闸，水轮机设在东侧桥洞的南端。涨潮时打开西侧桥洞闸门，放海水涌入小海南部；高潮时落下闸门，将海水留在南部湾内。落潮后，小海北部水位下降，就打开东侧的闸门，南部湾内海水顺水槽流出，推动水轮机旋转，从而带动水磨，其形状如图1-9所示。

图1-9　蓬莱潮汐磨[3]

水轮机是木制的，有8或12个叶片，叶片长约60厘米，宽约30厘米，整个水轮高约2米。水轮的水平轴安装在水槽两侧的轴承内，其伸出一端有直齿轮，与磨盘下的水平齿轮咬合。水平齿轮轴的下端落在地面上的轴窝内，上端穿过磨盘和下层磨石的中心孔，与上层磨石固定在一起，落潮海水推动水轮机旋转，便可带动潮汐磨转动了。这种潮汐磨只能在落潮一小时后至涨潮开始这段时间内使用。第二次建磨是1958年。一直使用到1960年，并且涨、落潮时均可使用，一天至少可以工作12小时左右。

福建泉州市东郊靠海边的地方，有一座历经九百多年的古老石桥，名叫洛阳桥，水上水下全是以雕凿有方的大石块作为建筑材料，虽然海水的冲刷和腐蚀已经使桥墩斑驳陆离，但是横卧在桥墩之上的根根大石条却依然完好。这些重约数吨的大石条是怎样放上去的呢？从当时的技术条件来看，还没有吊车等起重设备，用人抬困难也很大。而据历史记载，建筑这座桥时却非常巧妙：泉州人民先把石条放到船上，运到桥墩下，等到潮水上涨，待船与桥墩顶端一样平时，只要用绳子一拉，就能把大石吊放到桥墩上去。直到今天，一些参观者还由衷地赞叹我国古代劳动者的聪明才智和对潮汐能量利用之出奇巧妙（图1-10）。

图1-10　经过修缮之后的洛阳桥[13]

洛阳桥是我国潮汐能量的最早历史见证。但是潮汐能量的利用并不是只限于磨面和造桥。翻开中外历史，利用潮汐能量的事例着实不少。例如，用潮汐能量搬运重物，粉碎岩石，锯断粗木，趁潮进港等。20世纪以来，潮汐发电已经被认为是一种可靠的自然能源，利用潮汐发电才是当代人的主要奋斗目标。

第三节　从磨坊到电厂的华丽转变

如果人类仅会利用潮汐能量去转动磨盘，不啻用炮弹去炸一只苍蝇；只有人类学会用潮汐能量发电，并且逐渐代替矿石燃料，人类才变成蓝色世界的主人。

潮汐发电的基本原理

人们常用"大河奔流"形容某一事物的磅礴气势。河流中的洪水所以能够奔流，全靠水位差来维持，上下水位差越大，流势就越猛，推力就越大。有时候为了增加这种冲击的力量，在河中建立拦河大坝，以抬高水位，增加落差，利用河水发电基本就是这个道理（图1-11）。

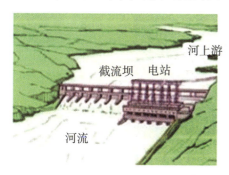

图1-11　河流发电[14]

后来，人们看到潮水水位每天都有升降，在狭窄的海湾中，这种垂直升降运动可以引起海水急速的水平流动，于是人们就从河水发电联想到是否可以利用潮水来发电。最初的设想是：如果在海湾河口处，当水位处于高潮时，人们将进水口用闸门堵起，落潮时闸门外的水随潮流走了，而由闸门关闭住的海水仍然留在海湾里，水位高度不变，这样一来，水闸内外就产生了水位差。此时如果打开专用的出水闸门，让海水顺着流道入海，湾内水位降低，倾泻而下，就能够推动水轮机（又称"透平"）旋转，并带动发电机而发出电来（图1-12）。

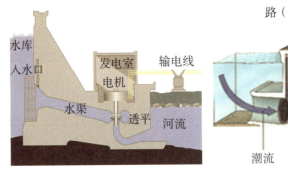
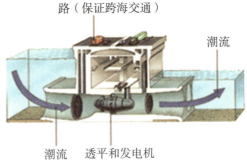

图1-12　河流（左）潮汐（右）发电示意图

利用潮汐发电必须具备两个物理条件：首先，潮汐的幅度必须大，至少要有几米；其次，海岸地形必须能储蓄大量海水，并可进行土建工程。

一代又一代，人类观看风起云涌，思考着是否有一天能够利用潮起潮落进行发电。在19世纪末，法国工程师科诺波罗奇曾经提出，在易北河下游，利用修建蓄水池的方法，兴建一座潮汐发电站，可惜未能成功。1913年，法国就在诺德斯特兰德岛和大陆之间长达2～6公里的铁路坝上，建立了一座潮汐发电站。德国也在北海海岸建立了世界上第一座潮汐发电站。1957年，中国在山东白沙口建成

图1-13　山东白沙口潮汐发电站[15]

了中国第一座潮汐发电站（图1-13）。1967年，法国朗斯潮汐发电站建成，这是世界上第一座具有经济价值的潮汐发电站，直至今日，仍是世界上最大的潮汐发电站之一。而且人们已经能够根据具体的地理环境和潮汐的特点，研究出多种形式的潮汐发电站了。

相比其他海洋能，例如波浪能、温差能、盐差能等，潮汐能利用是最成熟、最现实的。建设潮汐发电站，先要建一道拦海大坝，把海湾与海洋隔开形成水库，厂房内安装水轮发电机组。在涨潮时将海水储存在水库内，以势能的形式保存，然后，在落潮时放出海水，利用高潮、低潮位之间的落差，推动水轮机旋转，带动发电机发电。从发电的原理来说，潮汐发电和水力发电并无根本性差别。从现在一些潮汐发电站的结构分析，它们有以下三种发电形式。

单库单向电站

单水库潮汐电站是涨潮时使海水进入水库，落潮时利用水库与海面的潮差推动水轮发电机组发电，因此它不能连续发电。这种电站只有一个蓄水库，因此又称为单水库单程式潮汐发电站。水轮发电机组只要满足单方向通水发电的要求就可以了，故建筑物和发电设备的结构较简单，投资也省。浙江省温岭县沙山潮汐发电站就是这样的形式。该发电站位于乐清湾内北端，它是利用海边的一块类似池塘的洼地作为水库，和海之间装有两座小水闸，其中一个是进水闸，另一个是排水闸。机房内装有一台竖轴式水轮机，水轮机用皮带同一台40千瓦的发电机联系起来。涨潮时将排水闸关闭，打开进水闸，让海水流入水库；落潮时，打开排水闸，将进水闸关闭，库内蓄水通过水轮机流出，从而带动水轮机旋转，并带动发电机发出电来。这个发电站是1958年以后社员群众自己动手搞起来的，每年平均发电量近10万度，可供给4个大队农副产品加工和生活照明，同时还满足1个社办的小型机械零件加工厂和约800多亩农田灌溉用电。当地群众称赞这是一种"不用油，不用炭，加工照明样样干，打起仗来还能造枪弹"的好发电站（图1-14）。

但是，这种电站只能在落潮时发电，每天发电约为10小时，发电时间和发电量均较少，因而潮汐能源未能得到充分地利用。

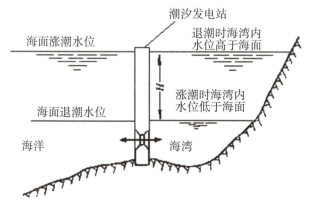

图1-14 单库单向潮汐电站[3]

我国早期的潮汐电站，都是单库单向潮汐发电（表1-3）

表1-3 我国早期的潮汐电站

站名	建成年份	装机容量（千瓦）	设计水头（米）	机组数	运行方式
广东甘竹滩	1970年	5000	1.3	22	单向发电
浙江岳普	1971年	1500	3.5	4	退潮发电
山东白沙口	1957年	960	1.2	6	单向发电
福建幸福洋	1989年	1280	3.02	4	单向发电

单库单向发电时间如图1-15所示。

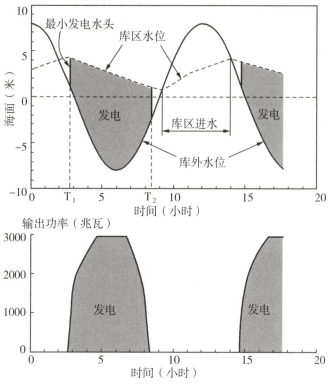

图1-15 单库单向发电过程
上图：库内库外水位差；下图：发电功率

单库双向电站

利用水库的特殊设计和水闸的作用，既可涨潮时发电，又可在落潮时运行，只是在水库内外水位相同的平潮时（即水库内外水位相等）才不能发电。其发电时间和发电量都比单库单向电站多，这样就能比较充分地利用潮汐能量。

虽然这种电站也只要一道堤坝，只有一个水库，但水轮发电机组内的结构和厂房水工建筑物结构，都需要满足涨潮和落潮两个方向均能通水发电的要求，因如比单库单向电站要复杂得多（图1-16）。

20世纪80年代，中国装机容量最大的潮汐电站——浙江省温岭县乐清湾

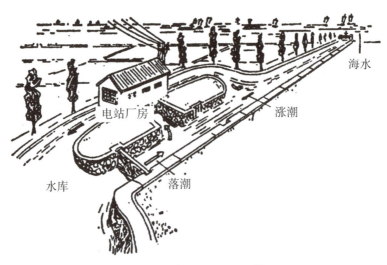

图1-16　单库双向潮汐电站[3]

江厦潮汐电站，位列世界第三，就是这种单库双向发电的类型。

这里潮汐属半日潮，平均潮差5.08米，最大潮差8.39米，与著名的钱塘江最大潮差相近。利用已建的原"七一"塘围垦海涂工程改建而成。

图1-17　江厦潮汐能发电站

1980年第1台机组发电，1986年第5台机组发电。第6台机组暂不安装留作新型机组试验用。发电水库面积1.37平方公里。泄量290立方米/秒。发电厂房内安装5台灯泡贯流式水轮发电机组（单机容量有500、600、700千瓦三种），分正、反向发电，正、反向泄水四种工况运行。发电水头为0.8～5.5米，每天发电时间约15小时，为防止沿海盐雾腐蚀，升压站采用户内式布置。

单库双向潮汐发电的过程如图1-18所示。

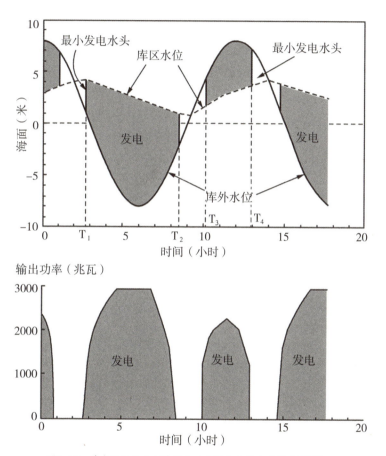

图1-18　单库双向发电内外高差（上图）和输出功率（下图）

我国广东省东莞县东引运河和珠江口交接处，以运河作为水库的镇口潮汐电站，也是这种单库双向电站的另一个例子。电站一边与珠江相通，一边与东引运河连接，厂房内分成几个厢室，每个厢室的两头都有闸门，中间各安放两台水轮发电机组。涨潮时，打开珠江一侧闸门，同时关闭运河一侧闸门，让珠江水进入厢室，然后流过水轮机，推动机组发电。水流过水轮机后，便由下水道流到东引运河中去。相反，当落潮时，珠江水往下降，此时关闭珠江一侧水闸，打开运河一侧水闸，让河水进入厢室，再通过水轮机发电，然后又由下水道流泄珠江，从而完成涨、落潮两个发电过程。这个电站的一个重要特点，就是从厂房流道的结构布置上，而不是从水轮机的发电机组上，去满足双向发电的要求。

双库双向电站

这种电站需要建造两组毗邻的水库，一个水库仅在涨潮时进水，另一个水库只在落潮时出水。这样一来，前一水库的水位便始终比后一水库的水位高，故前者称为上水库，后者称为下水库。水轮发电机组便放在两个水库之间的隔坝内。由于两个水库始终保持着水位差，所以水轮发电机便可以全日发电（图1-19）。

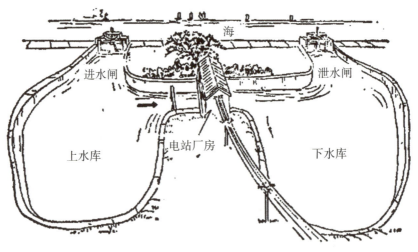

图1-19 双库单向电站[3]

这种类型的电站，因为需要建造两座水库，水工建筑工程和投资比前两种均大。但较大的优点是可以全日不间断地发电，能很好地满足用户的需要。

大型潮汐发电典范——朗斯发电站

上述三种形式，开始都是小型电站的设计。而20世纪世界上最大的潮汐发电站，当推法国朗斯河口的潮汐发电工程，它代表着20世纪的先进水平。

朗斯河口潮汐发电站的建设，是根据哥伦贝尔大学一些学者的提议进行的，于1961年前后动工，1967年12月竣工（图1-20）。电站位于法国西部圣马洛港上游约2公里处的布里安太斯角和伯雷贝斯角之间。它具有得天独厚的有利条件：潮差10.9米，最大13.5米；流入河中海水量最大为18000米^3／秒；利用水库面积22平方公里；河水深度12～25米左右。电站的坝高12米，长750米。现在安装了直径为5.35米的可逆水轮机24台，功率为100000千瓦。可逆泵水轮发电机组装在不透水的铁壳内，里面充油或空气，整个外壳像个潜水艇，末端有大螺旋桨，并固定在回转轴上。在一个太阴日期间，即在24小时50分钟内，朗斯电站能在海水流进水库时发电两次，水库往外海排水时发电一次，可逆泵—透平扬水两次。此外，还有4次间隙停机。

朗斯电站的发电量是相当大的，其发电量约占当时法国水力发电量的1%，净发电为544千兆瓦·小时。具体来讲，海水由水库流向大海时，发电量为537千兆瓦·小时；海水由大海流向水库时，发电量为71.5千兆瓦·小时；水泵所消耗的动力为64.5千兆瓦·小时。实际上，直到1974年，其净发电量才接近于原定指标。

图1-20　法国朗斯电站（引自互动百科网）

现在潮汐发电的水泵按结构特点，适用于6米扬程以下的轴流泵结构，主要有：贯流式、立轴式和斜轴式三种，这三种泵型各有其优缺点：由于泵站扬程较低，通常贯流式泵的综合性能和综合投资比较优，斜轴泵次之，立轴泵偏低。特别是扬程低于4米以下时，贯流式结构流道平直、水力损失小（这对低扬程泵尤为重要）。因此，水泵装置效率较高（高2%~3%），工程年运行费少；水泵叶轮直接淹没在水中，吸水性能好；厂房结构简单，土建建筑工程量小，总投资小。国内外大中型贯流式水轮机、贯流式水泵技术的飞速发展，其设备制造投资降低，轴系稳定性和检修维护方便性大大提高。由于该电站水轮机组的外形像一个电灯泡，所以人们把它称为灯泡形贯流机组构造（图1-21）。灯泡式装置的性能非常好，其平均利用率稳定地增加到实际最大值的95%，每年因事故而停止运转的时间平均少于5天，灯泡式装置注水门和船闸的阴极保护系统在抵抗盐水腐蚀方面很有效。这个系统使用的是白金阳极，耗电仅为10千瓦。

但是，在更低扬程时，由于配套电动机组的性能和投资在整个泵组中会占有举足轻重的地位，因此，需要对是否提高电动机转速做出比较。而当前传动机构的发展又多侧重于卧轴和斜轴结构，且传动效率、可靠性也不断提高，大容量贯流泵和斜轴泵因更宜于布置泵机间减速传动机构，对提高电机性能、减小配套电动机的尺寸和重量有利，可能会增加其综合性价比。因此，选择此类泵型进行比较时，应把增设传动装置后对机组总体效率的影响、传动机构的可

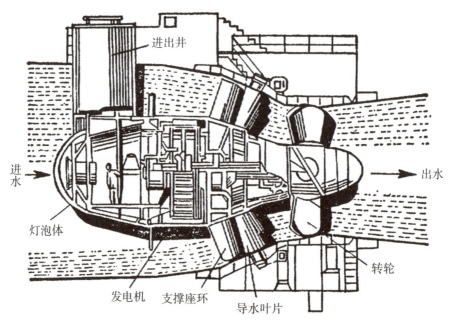

图1-21　灯泡形贯流机组

靠性和稳定性、大修周期和使用寿命、斜轴泵导轴承及推力轴承的设计制造及轴系稳定性、设备一次性投资和今后的运行维护费用等重要因素考虑在内进行综合比较。

国外已运行的著名大型潮汐电站如表1-4所示。

表1-4 世界著名大型潮汐电站

地点	装机容量（千瓦）	机组数	设计水头（米）	运行方式
法国朗斯河口	240000	24	5.6	双向发电
俄罗斯基斯拉雅湾	2000	5	1.35	双向发电
加拿大安纳波利斯湾	20000	1	5.5	退潮发电

加拿大安纳波利斯潮汐电站坐落在芬迪湾口安纳波利斯—罗亚尔。该地潮差为4.2～8.5米。电站采用全贯流水轮发电机组。全贯流式水轮机安装在水平的水流通道中，发电机转子固定在水轮机桨叶周边组成旋转体，定子安装在水轮机转轮外边，构成没有传动轴的直接耦合机组。由于发电机的尺度不受限制，可以采用最优的转子直径，得到较高的转子转动惯量，以改进电网发生意外事故的动力稳定性，较易解决通风，检查、维修也方便。这些都是优于灯泡形机组之处。全贯流机组由于其结构紧凑，可以比采用灯泡形机组，工程造价低。

基斯拉雅潮汐电站建于摩尔曼斯克附近的基斯拉雅湾。电站成功地采用沉箱法建造堤坝和厂房。钢筋混凝土动力房沉箱长36米、宽18.3米、高15米，能容纳两台400千瓦容量的灯泡形水轮发电。机组和进出水道，重5200吨。沉箱在干船坞建造并装上一台机组，然后浮运到电站现场，沉在准备好的砂源基础上。

沉箱底部的钢片伸到其下沿以下，使底层免受波浪冲刷。由于俄罗斯有利于建站的坝址均位于严寒地带，不便于现场施工，促使采用这样新的厂房结构和施工方法。同样的理由，对各种材料除了防蚀防污外，还须抵抗温度应力，方法是对建筑物进行热绝缘，在混凝土上补上加强的环氧树脂板。该电站1968年投入运行。

第四节　风物长宜放眼量

一千多年前，人类已经知道利用涨、落潮的水位差去推动磨盘旋转，将大颗粒谷物变成细粉，从两片圆石之间纷纷而下，落入下面石槽之内，供人类蒸煮烹炸。一直到900年之后的1913年，才诞生第一个潮汐发电站。和电子技术发展速度相比，潮汐发电技术基本是"原地踏步"。现在，人们对再生能源利用又提到一个新的高度去认识，潮汐能的利用也纷纷列入各个国家的议事日程。但愿潮汐能的开发，能够出现"银瓶乍破水浆迸，铁骑突出刀枪鸣"的新局面。

潮汐电站喜忧参半

潮汐发电具有如下优点：

（1）虽然有周期性间歇，但有准确规律可循，可用电子计算机准确预报出每天潮时、高低潮，从而有计划纳入电网运行；

（2）潮汐电站兴建后，库区水位总是低于建站前最高水位，起到防止风暴潮的危害；

（3）有利于发展水产养殖。以江厦电站为例，年售电收入（扣除税后）约200万元，水库围垦366公顷，农田年收入超过1000万元；提供了1.37平方公里面积的海产品养殖区域，年产值在1500万元以上；

（4）美化环境，提高旅游效益。例如朗斯潮汐电站建成后，原来波涛汹涌的朗斯河口湾，变成了平静的湖泊，成了人们旅游休闲场所。此外通过700米长坝顶公路连接城市，使城市之间距离缩短了30千米，每年从坝上通过汽车达50万辆。

虽然潮汐能的利用众多优点，且开发历史悠久，从上一世纪起，人们就已利用潮能来发电，然而发展却很缓慢，与潮汐的潜在能量相比，其利用率几乎等于零。造成这种现象的原因是：

（1）潮位的有效落差低。即使像芬地湾那样潮差最大的地区，潮差仍然低于河水发电的水头，更不用说世界上绝大多数沿岸地区远远小于这个数字。为了利用低水头，水轮机就要做得很大，因而，大大降低了潮汐电站的经济利益。

（2）建设地点受限制。潮汐发电站既要在具有大潮差的地点，又要尽量接近用电地区，还要不影响渔业和海运。要同时达到这些要求是不容易的；例如，一些河口区域，这些地方潮流能资源虽然丰富，但是这些地方常常都是一些军用的航道，是不允许用于发电的。其次是要保证整个地方的经济发展和交通航运，保证沿海地区经济开发的要求，最后才能考虑发电的问题。发电只是排位靠后的选项。

（3）受运转时间的限制。潮汐主要来自月球的引潮力，所以潮汐电站的运转时间主要受月球运转的支配。而人们的生活是随太阳运转安排的，一般都是白天工作，晚上休息，并且希望保持一定的规律。随着潮汐发生时间的变化，电站每天发电要比前一天延迟50分钟，因而人的工作时间每天都要随之调整，这是一件使人厌烦的事。特别是经常出现白天潮汐电力供应不足，而夜间潮汐电力又无法充分利用的情况，对生产建设极为不利。此外，每月的潮汐水位又有大、小潮的变化，每个月基本在农历初三、十八两天潮水最大，发电量也相应达到顶峰。而小潮期间发电量只有大潮的1/3左右，两者之差有时可达到一倍，显然，这对潮汐发电能力的影响也是相当可观的。

（4）海水的高腐蚀度对发电设备的材料提出了极高要求，潮汐电站以海水为工作介质，设备常年浸泡在海水中，防腐蚀、防海生物附着的问题，是大多水电站没有的。极端环境下如大风和暴潮，能不能保证发电机组完好无损，这些都是要面对的情况。例如，江厦潮汐电站，由于周边海水生态完好，海洋生物资源丰富，每次潜水清理水下闸门，大批牡蛎"成灾"的现象，都会让检修人员十分头疼。如果门槽上的牡蛎不彻底清理干净，就会导致闸门开关的密闭性出现问题，直接影响发电的效率。

（5）国外环保人士对筑坝发电的环境影响一直持反对态度。一是，建造电站对环境产生的影响，如对水温、水流、盐度分层以及水浸到的海滨产生的影响等。这些变化又会影响到浮游生物及其他有机物的生长以及这一地区的鱼类生活等。对这些复杂的生态和自然关系的研究还是非常肤浅；二是，海洋环境对电站的影响，主要是泥沙冲淤问题。泥沙冲淤除了与当地水中的含沙量有关外，还与当地的地形及潮汐和波流等相关，作用关系复杂。例如，浙江的江厦、沙山、海山三个电站均在乐清湾内，尤其是江厦和沙山电站，仅咫尺之隔，湾中含沙量相同，但江厦不淤，而沙山电站前阶段有淤积问题。又如山东的白沙口电站库内淤积不大，而电站进出口渠道上出现淤积问题。其原因是与进、出口水道的位置安排不当直接有关。因此，环保人士认为，筑坝发电人为造成坝内外海水生态环境的差异，对坝里整体环境造成危害。

（6）技术、政策和相应立法的支持仍有待完善。江厦潮汐电站目前基本收支平衡，主要因素是依靠可再生能源发电的高价补贴。目前该电站上网电价为2.5元每度左右，远远超出普通电价。这是国家支持潮汐能发电的表现，但是从长远考虑，为使潮汐能事业得到长远的发展，单纯依靠电价的补贴并不能解决问题。毕竟补贴的资金来自政府，而潮汐电站要想长期良好运作还是要依靠自身的良性循环，因此作为政府单纯补贴是不够的，需要扶持潮汐电站在技术上提高，在进入市场后有政策上支持，只有这样才能保障潮汐电站参入市场竞争并维持自身发展。目前看来，政策支持不足；受地方经济发展限制，潮汐能综合优势难以发挥；与周围农民的利益冲突等有待解决。用规章制度鼓励东部有条件的地区开展小型潮汐项目。

针对上述存在的问题，人们也采用过不少措施。例如，配备同样容量的柴油机，当水轮机停止运行时，柴油机就开始工作，以确保电能持续供电；有些地方潮位有效落差低，人们就设法提高自然水位。曾提出一种设想，即利用某些港湾内的有利的或复杂的地形，加以适当地改造后建筑水库，尽可能使湾内潮水的涨落移动与月球运动周期发生良好的共振，这样潮位就会增高。然而，这种设想，不仅工程浩大，还会带来诸如建设费用、沿岸的护岸工程、沿岸的栽培养殖、渔业生产、船舶航行、环境保护等一系列问题。从设想变为现实，尚有很大的距离。我国浙江的海山潮汐电站它位于乐清湾内的茅埏岛上，总装机容量150千瓦，高库面积120亩，低库面积13亩，1975年投入运行。1979年又建成了一个9万立方米的小水库和55千瓦的蓄能电站，当大潮期间和用电低峰时，利用多余电力抽水到水库蓄能，以备小潮期间和用电高峰时发电使用。把水抽入蓄水库内，以抬高水位，增加发电能力。虽然用水泵扬水要消耗一部分电力，但从总的效果来看，还是增加了发电量。

至于运转时间不固定，发电量有多有少的问题，则可以根据潮位的变化提前做出预报，有计划地安排生产、生活。

能量被放大是不可能的，这是科学家的共识真理，但在潮汐发电是可以的。当潮汐最高潮时，库区水位与外海一样高程时，用水泵往库区扬水，使库区水位提高0.5米，等最低潮时发电，这时水能被放大10倍，扣除效率，这时水能仍被放大7倍。当然，一次潮只有一个小时的扬水时间，库区面积越大，能量放大倍数也越大。以目前的技术和设备能力是可以实现的。我们相信，随着科学的进步，人类知识领域的不断扩展，潮汐发电的一些弊端是可以克服的，一定会出现利用潮汐能的蓬勃发展的新局面。

现状与展望

目前世界上所建成的潮汐电站,除法国朗斯电站外,还都是中小型的,其发电量不大。随着人类对能量需求的不断增长,加上科学技术的不断进步,潮汐电站的研究和建设,已被越来越多的国家所重视,并朝着大型化、实用化的方向迈进。

近年来,与潮汐发电相关的技术进步极为迅速,现已开发出多种将潮汐能转变为机械能的机械设备,如螺旋桨式水轮机、轴流式水轮机、开敞环流式水轮机等,日本甚至开始利用人造卫星提供潮流信息资料。利用潮汐发电日趋成熟,已进入实用阶段。国外已投运或设计中的潮汐发电站见表1-5。

表1-5 国外已投运或设计中的潮汐电站(海南虚拟科技馆,2006)

国家或地区	地点	装机容量(兆瓦)	年发电量(万兆瓦·小时)	机组(台)	潮差(米)
法国	朗斯	240	4.8	24	8
英国	塞拉河口湾	7200	1300	230	9.3
英国	默西河口湾	620	120	21	6.7
英国	斯特兰福德湾	210	53	30	3.1
爱尔兰	香农河口湾	318	71.5	30	3.8
印度	卡奇湾	600	160	43	5.2
韩国	加露林湾	480	120	32	4.6
巴西	巴冈加	30	5.5	2	4.1
美国	尼克湾	2220	550	80	7.8
加拿大	坎伯兰湾	1147	342	37	10.5
加拿大	魁北克湾	4028	1260	106	12.4
加拿大	安纳波利斯	20	5	1	6.7
俄罗斯	伦博夫斯基	400			
俄罗斯	缅珍斯卡亚	15000	5000	800	9
俄罗斯	品仁	87000	20000		13.5

潮汐发电在国内外发展很快。欧洲各国拥有浩瀚的海洋和漫长的海岸线，因而有大量、稳定、廉价的潮汐资源，在开发利用潮汐方面一直走在世界的前列。

我国在漫长的海岸线上，潮能的蕴藏量是极为丰富的，根据1985年我国沿海潮汐能资源普查成果，全国沿海可开发的潮汐能年总发电量为619亿千瓦·小时，可装机容量为21580兆瓦。其中比较有前途的是钱塘江、乐清湾等地区，其潮差都在5米以上。浙闽两省沿海可开发的潮汐能年总发电量为548亿千瓦·小时（表1-6），可装机容量为19130兆瓦，分别占全国的88.5%和88.6%，尤其以浙江三门健跳港、福建福鼎八尺门潮汐开发项目开展前期工作最早，论证次数最多，最具开发潜力。根据国家可再生能源中长期发展规划，我国到2020年将建成潮汐电站装机容量10万千瓦。

表1-6 我国海域装机容量和年发电量的估算（鲍云樵，1995）

省和地区	装机容量（万千瓦）	年发电量（亿千瓦时）
福建	1032.40	283.82
浙江	880.16	264.04
长江口北支	70.40	22.80
广东	64.88	17.20
辽宁	58.62	16.14
广西	38.73	10.92
山东	11.78	3.63
河北	0.47	0.09
江苏	0.08	0.04
合计	2157.52	618.68

注：①表中所列数字系以装机容量500千瓦为起点，小于500千瓦的未统计在内。②本次普查未包括台湾省资源，故表中未列。③河北省数字包括天津市；江苏省数字中包括上海市。

水工建筑在潮汐电站中约占造价的45%，也是降低造价的重要方面。传统的建造方法多采用重力结构的当地材料坝或钢筋混凝土，工程量大，造价贵。苏联的基斯拉雅电站采用了预制浮运钢筋混凝土沉箱的结构，减少了工程量和造价。中国的一些潮汐电站也采用了这项技术，建造部分电站设施，如水闸等，起到同样效果。

潮汐电站的运行是一项高智力的技术巧妙地利用外海水位和水库水位的相位差，可以有效提高电站发电量。朗斯电站首先采用了一种称作"泵卿"的技术，使电站年净发电量约增加10%。"泵卿"技术就是在单库双作用电站中，增加双向泵水功能，它可以通过使发电机组具有发电或抽水双重功能来实现，也可以通过增加双向水泵来实现。其工作过程是在退潮发电刚刚结束之后，用泵把库面水位抽低1米左右，从而增加涨潮发电的水头。因为"泵卿"是在非常低的水头下进行的，而其后的发电是在高的水头下进行，所以提高水头增加的发电量远大于抽水的耗电，而产生很大的净能量收益。

参考文献

[1] 鲍云樵.能源与我们.上海科技教育出版社,1995
[2] 崔民选. 2006中国能源发展报告.社会科学文献出版社，2006
[3] 崔清晨,陈万青,侍茂崇,林振宏.海洋资源[M].商务印刷馆（北京）,1981
[4] 李艳芳,岳小花.论我国可再生能源法律体系的构建.中国法学会能源法研究会2009年会论文集
[5] 国家海洋局人事劳动教育司，国家海洋局成人教育中心，应用海洋学基础，海洋出版社（北京），1998.1.
[6] 浙江省电力公司.江厦潮汐试验电站.河海大学出版社（南京），2001
[7] 中关村国际环保产业促进中心.谁能驱动中国.人民出版社，2006
[8] 叶荣泗.我国能源安全的法律保障.中国发展观察,2008年第1期
[9] http://www.window.state.tx.us/specialrpt/energy/renewable/ocean.php 图片
[10] Energy Potential of the Oceans in Europe and North America
http://www.intechopen.com/download/pdf/16025
[11] Zygmunt Kowalik.Tide distribution andtapping into tidal energy. OCEANOLOGIA, 46（3），2004. pp. 291-331
[12] Lyatkher V.M Engineering Prospects ofUtilizing of Ocean Currents.In Ocean Energy Conversion System. Academy of Science. Vladivostok（In Russian），1985
[13] 福建泉州洛阳桥360图片
[14] Converteam-Conventional and Renewable Energy Electrical Systems. www.power.technology.com.
[15] 山东威海乳山——中国潮汐发电摇篮
http://www.sd.xinhuanet.com/lh/2012-10/16/c_113382106.htm
[16] Mårten Grabbe Urban Lundin and Mats Leijon.Ocean Energy.Department of Electricity and Lightning Research,Uppsala University,Sweden

第二章
川流不息 涓涓不壅
——浅谈海流发电

第一节 有生命之海的大动脉

海流是世界上最大的河,有的宽965千米,有的流量比密西西比河泛滥时还大1000倍。海流的能量大得惊人,相比之下氢弹就成为玩具。

浩大的海流是海洋的主要循环动脉,就像血液对于人一样。如果没有海流,北冰洋将成为冰的实体;英国的冬天就是一片冰天雪地;旧金山的雾,挪威的不冻港,秘鲁和西非的习习凉风都是拜海流所赐。

浩大的海流像巨犁般在海中耕耘,把丰富的矿物质、营养盐从海底翻起,使海生植物获得营养,供各种鱼类繁衍生存;海流像运输带,将生物在地球70%的表面上自由输运。更为奇妙的是海流还可以发电。

何谓海流

不严格地说,海流就是海水的流动。这种流动包括月亮和太阳引起的周期性流动和风、密度等因素产生的非周期性流动两种。

周期性流动

周期性流动中最典型的就是潮流。实际上在出现周期性水位升降(即潮汐运动)的同时,还伴随出现水平方向的"潮流"运动。它与潮汐运动一样,也是由月亮、太阳的引潮力而产生的。没有水平方向的潮流运动,就不会有垂直方向的升降运动。因此,潮流也是以24小时48分为周期的,细分则有半日潮流、全日潮流和混合潮流三种形式。

半日潮流，是在24小时48分的时段内，有两次涨潮流和两次落潮流运动。如果是在港湾中，则有两次进港和两次出港，并且流速也经历从小到大、再从大到小的过程（图2-1）。

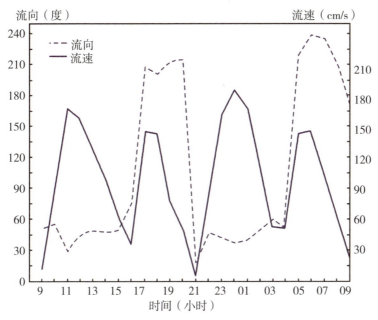

图2-1　江苏燕尾港附近的潮流

日潮流，则是在24小时48分的时段内，只有一次涨潮流和一次落潮流运动。如果是在港湾中，则有一次进港和一次出港，并且流速也经历从小到大、再从大到小的过程（图2-2）。

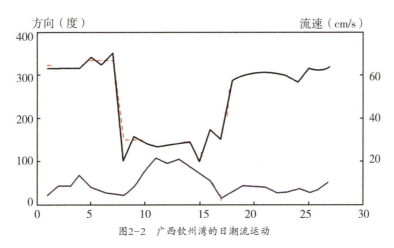

图2-2　广西钦州湾的日潮流运动

但是潮流比潮汐更加复杂，潮汐表现为垂直方向简单的升降，而潮流不仅有流向的变化，还有流速的变化。在沿岸或海湾地区，潮流流向只在两个方向来回变化，称为"往复流"，如图2-1中流向只在40°和220°之间变化，图2-2中流向只在150°和330°之间变化。流向之间相差180°，即在一条直线上来回运动。往复流流速变化显著：有时很大，有时为零。就像一个奔跑的人，突然"向后转"，中间必然要有短暂停留一样。

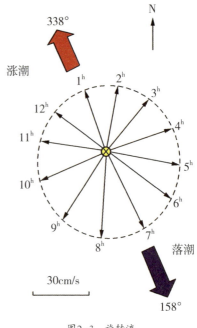

图2-3 旋转流

而在外海或大洋中，潮流时刻都在改变方向，进行形似椭圆形运动，称为"旋转流"（图2-3）。从图中可以看出，在"1ʰ"（338°）时以后，潮流开始转向，从涨潮流变为落潮流，按照顺时针方向，依次从东北—东—东南方向运动，到达158°时，潮流又开始从落潮流变成涨潮流。在12小时25分时段内，完成一次涨落过程。旋转流流速变化不大，没有往复流那样大起大落的情况出现。

但是，旋转流运动并非都是图2-3那样千篇一律，而是千变万化：有的是顺时针运动，有的却是反向而行；有的近似圆形轨迹，有的却走成"棒槌状"（图2-4）。

非周期性流动

就是周期大于24小时、方向基本固定的流动。产生海流的原因之一是风，盛行风吹拂海面，推动海水随风飘动，并且使上层海水带动下层海水流动，这样形成的海流被称为风海流或者漂流。方向偏在风向右边40°~45°。世界大洋海流基本是风引起的（图2-5）。但是这种海流会随着海水深度的增大而加速减弱，直至小到可以忽略。中国海是季风区，夏季偏南风，多引起北向流，冬季偏北风，风海流则以南向为主；

河流入海，可以引起流动：入海的淡水在河口区域堆积，水面高于外海，产生压强梯度力将淡水继续向外海输送，但是在科氏力作用下，淡水与海水

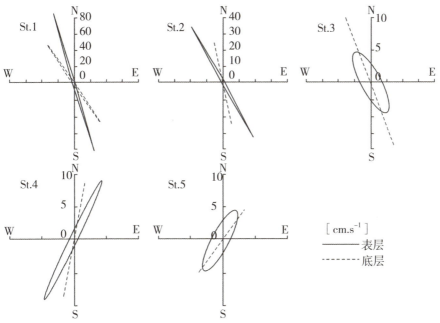

图2-4 潮流有各种各样的旋转运动

的混合水,将绕过河口向右偏转。例如,1855年以前老黄河从苏北盐城附近入海,大量泥沙随着右偏的径流向长江口方向输送,形成著名的苏北浅滩。虽然

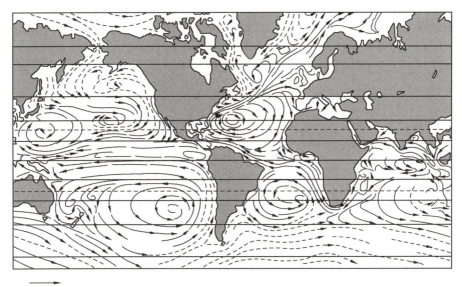

图2-5 世界大洋海流[2]

黄河改从山东入海已经150多年，但是老黄河留下的苏北浅滩，至今仍可在卫星图片上清晰可见。

第三种原因是因为不同海域海水温度和盐度的不同而导致的海水的流动，这样的海流叫做密度流。比如在直布罗陀海峡处，地中海的盐度比大西洋高，于是在水深500米的地方，地中海的海水经直布罗陀海峡流向大西洋，而在大洋表层，大西洋的海水则冲向地中海，补充了地中海海水的缺失。

东中国海东面的黑潮（2-6）（图中具有"240"数字是黑潮主轴），一年四季都向一个方向流动，它像陆地上的江河一样，从赤道北流向日本，南北跨距2500多公里，宽度100多公里，深达1000多米，最大流速超过1米/秒（图2-7）。其携带水量相当于15个以上长江的流量；其蕴藏的热能大得惊人，我国的台湾岛比邻黑潮，用强大黑潮流发电，是他们的首选。

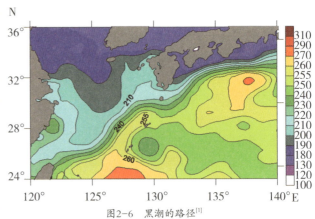

图2-6 黑潮的路径[1]

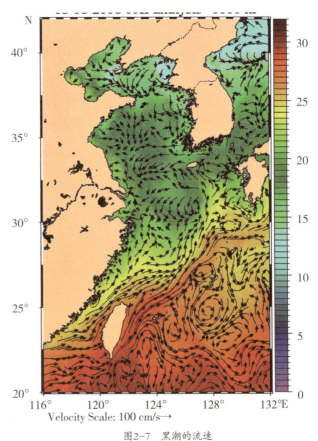

图2-7 黑潮的流速

海流有暖流与寒流之分：流入这个海区的海流温度高于当地水温就是暖流；反之就是寒流。从世界范围说，旧金山的雾，是寒流所赐；挪威的不冻港，得力于暖流的巨大热力，没有暖流，英国的冬天就是一片冰天雪地。

由此可见，浩大的海流（如黑潮）是地球的循环系统不可或缺的东西，就像血液对于人一样。巨大的气流在天空中造成天气，巨大的海流则制造不同的海洋气候；此外，浩大的海流像巨犁般在海中耕耘，把丰富的矿物质、营养盐从海底翻起，海生植物于是获得营养，供世界上的鱼类生存。海流像运输带，把生物在地球上的70%表面上往来运输。能把西印度洋群岛的海豆送到数千里外的欧洲沙滩；椰子原产地是马来西亚，椰子落到海里被海流送到南大洋各地，使几千个海岸边都有了椰树。

我们这里所谈的海流发电，就是包括周期性潮流和非周期性的海流在内的流动发电。

海流能量的估算

海流能是指海水流动的动能。能流密度是指通过单位面积的潮流能量，定义为：

$$P = \frac{1}{2}\rho V^3$$

式中V为流速，为能流密度，单位为（W/m²）。能流密度是表征某一海域潮流能量强弱或潮流能资源丰富程度的重要指标。越大，表明该处的潮流能量越高，资源越丰富。外海，特别是大洋，主要是洋流，例如，黑潮和湾流。洋流方向恒定，流速巨大，相对波浪而言，海流能的变化要平稳且有规律得多。近海潮流能随潮汐的涨落每天两次改变大小和方向。一般来说，最大流速在2米/秒以上的水道，其海流能均有实际开发的价值。海流发电系利用海洋中海流的流动动力推动水轮机发电，一般是在海流流经处设置截流涵洞之沉箱，并于其内设置一座水轮发电机发电。视发电需要，可增加多个机组，在机组间需预留适当之间隔，以避免紊流互相干扰。

据理论估算，世界海流能的蕴藏量约为473040亿千瓦·小时，潮汐能约为255442亿千瓦·小时。利用中国沿海130个水道、航路的各种海流观测资料的计算结果，中国沿海海流能的年平均功率理论值约为1.4×10^7千瓦，属于世界上功率密度最大的地区之一。台湾地区可供开发的海流，以黑潮最具开发潜力。根据以往对黑潮的调查研究了解，黑潮流经台湾东侧海岸最近处北纬23°

附近，平均流轴距台湾仅60~66千米，最大流速为1.6米/秒、平均流速0.9米/秒，依据所测得之流速及断面面积，估计其流量约为每秒1700~2000万米^3。放置一个直径40米、长度为200米的沉箱，其内设置一座水轮发电机，就可发出电力为1.5~2万千瓦。

潮流能以浙江省沿岸最多，有37个水道，理论平均功率共7090.28兆瓦。占全国总量的一半以上。其中金塘水道（25.9千瓦/米^2）、龟山水道（23.9千瓦/米^2）、西侯门水道（19.1千瓦/米^2）是能量较大的几个水道。其次是台湾、福建、山东和辽宁省。潮流能约5871.34兆瓦，占全国总量的41.9%。

山东省潮流能资源蕴藏量近93%分布于庙岛群岛区诸水道中，资源蕴藏量大，具有较高的开发利用价值。胶南的斋堂水道最大流速也超过2米/秒。

第二节 一把"伞"，开创了一个时代

20世纪70年代末期，一种设计新颖的伞式海流发电站（又称"花环式海流发电站"）诞生了，从此，开创了海流发电的新时代。海水的密度是空气密度790多倍，尽管海流速度低于风速（海流速度2米/秒即有利用价值，而风机设计额定风速一般为13米/秒），产生相同功率的海流装置叶轮直径可比风机叶轮直径小约1倍。伞与伞的间距可小于50米，安装紧凑可节省电缆及安装费用。机组的出力大小和时间完全可以事先准确地计算出，不像风电难以预测和掌握，这对电网供电十分有利。

发电基本原理

海流发电属于平水头平流动能发电范畴，其原理和风力发电相似，几乎任何一个风力发电装置都可以改造成为海流能发电装置（图2-8）。它一般利用潮流的冲击力，推动水轮机螺旋桨旋转，带动发电机进行发电。视发电需要，可以增加多个机组，在机组间需预留适当的间隔，防止紊流相互干扰，同时保证进行维护的船只能够进入。但由于海水的密度约为空气的1000倍，且必须放置于水下，故海流发电存在着一系列的关键技术问题，包括安装维护、电力输送、防腐、海洋环境中的载荷与安全性能等。此外，海流发电装置和风力发电装置的固定形式和透平设计也有很大的不同。海流装置可以安装固定于海底，也可以安装于浮体的底部，而浮体通过锚链固定于海上。海流中的透平设计也是一项关键技术。不同的海流发电机潜放在水下的海床或悬浮于海水中，由于利用的是海水的惯性动能发电，所以就会出现流速缓、流力大，水轮机的转速低等特点。

图2-8　海流发电基本原理[9]

花环式发电装置

最初，有人把海流发电站用钢索和铁锚固定在海面上，让海流推动水轮机叶轮，带动发电机发电。但是海流流量虽大，而最大流速却不大，多小于2米/秒，所以单机发电量不大。一个名叫斯特曼的美国人，制成了一个特殊的发电装置。他把一条装有发电机的船锚泊在佛罗里达州海岸边墨西哥湾的暖流区，将50个直径60厘米的降落伞依次连在一根150米长的环索上，环索绕在船头的两个绞盘上，接好后投入海流中。尽管海流的流速不大，其力量也可以使降落伞张开并慢慢前进。降落伞到达终点后自动收拢被换回。利用这个装置，果然发出了500瓦的电力。这就是人们所说的斯特曼低速水能转换装置（2-9），也是最早的把低流速水流变为电能的最原始装置。这种装置设在锚定的船尾，利用海流的能量去牵动许多"花环式降落伞"，把伞的拉力变成旋转力，最后转变成电力。因此又称为"花环式海流发电"。

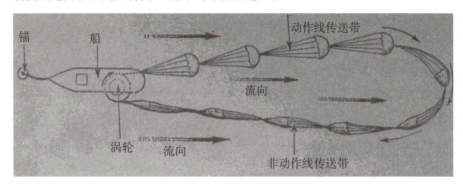

图2-9 斯特曼低速水能转换装置

现今应用比较广泛的海流发电设备基本分为以下3种：

水平轴式涡轮机发电

水平转子风扇式

这是在芬地湾使用的大功率发电设备，名字叫OpenHydro，最大发电量可以达到1兆瓦（图2-10），设计的基本参数列于表2-1中。这种设备是固定于主流向上，只能在落潮或涨潮时发电。结构简单，便于维修，设计寿命可达25年。由于芬地湾流速很强（超过5米/秒），虽然单向输出，最大功率可达200千瓦。一台发电机就可维护200个家庭正常用电量。

图2-10 芬地湾OpenHydro 10m 透平[OHC]

表2-1 OpenHydro透平设计参数

参数	量值
每一个基座具有转子数	1
转子直径	10米
转子扫海面积（转子占据区域*转子数）	78平方米
切入速率	0.7米/秒
在2.5米/秒时功率最大输出	200千瓦
最大转速	12RPM
外形高度（从海底算起）	10米
液压流体或者润滑剂	0升
全部重量（包括基座）	30吨（在空气中）
海底占地面积	10^2
计划安装时长	2年
设计寿命	25年

水平转子旋桨式

水平转子像船尾的螺旋桨，大多数风力发电机也是这个式样（图2-11）。桨叶转动范围设计从5～33米，可以旋转180°，以适应涨落潮。其基本参数列于表2-2中。

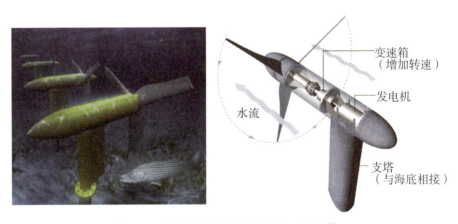

图2-11 自由流体动力发电系统Verdant发电机[3]

表2-2 Verdant 发电机KHPS设计参数

参数	4型发电机（2006~2008）	5型发电机>2009
每一个基座具有转子数	1	1
转子直径	5	5
转子扫海面积（转子占据区域*转子数）	20平方米	60
水转换成电的效率	30%	35%
切入速率	0.8米/秒	1米/秒
在2.5米/秒时功率最大输出	56千瓦	168千瓦
最大转速	35RPM	40RPM
外形高度（从海底算起）	5米	5~8米
液压流体或者润滑剂	30升（齿轮箱滑润油保存在球式吊篮中）	30升（齿轮箱滑润油保存在球式吊篮中）
全部重量（包括基座）	7吨（在空气中）	5吨（在空气中）
海底占地面积	0.3平方米	12平方米
检测时间间隔	没有使用	3~5年
设计寿命	没有使用	20年

水平转子螺旋式

水平转子螺旋式，通俗地说，就是"麻花式"，每一个发电装置，由4

图2-12 ORPC水平轴式螺旋透平

个螺旋水轮机组成。绕同一个轴旋转，可以双向运动，带动发电机发电（图2-12）。其设计参数如表2-3所示。

表2-3　ORPC设计参数

参数	量值
每一个基座具有转子数	4
转子长度	5.6米
转子直径	2.6米
转子扫海面积（转子占据区域*转子数）	58平方米
水转换成电的效率	30%
切入速率	1米/秒
在2.5m/s时功率最大输出	140千瓦
最大转速	40RPM（在3米/秒条件下）
外形高度（从海底算起）	10米
液压流体或者润滑剂	0升（3OZ轴承油脂）
全部重量（包括基座）	60吨（在空气中）
海底占地面积	11平方米
检测时间间隔	12个月
设计寿命	15年

水平转子对称式

其特点是转轴方向与流向平行，有两个对称转子在水下工作。工作原理类似于水中的风车，不过它是由水驱动而不是风，适用于潮流流速大或有持续高速洋流的地区。英国Marine Current Tubines有限公司联合多家机构研制的Seagen属于此类（2-13）。

Seagen由一对轴流转子组成，转子直径为15～20米，直径大小由当地的条件决定，分别通过变速箱驱动发电机，很像水轮机或是风轮机。该涡轮的专利特性是动叶片可以180°定位，这样在涨潮和落潮时可以进行双向运作。每个系统的双动力部分安装在直径大约为3米的钢管结构的翼状延伸体上。整个包括动力部分的翼状结构可以提升出海平面，进行安全维护和维修。

据称，Seagen是世界上唯一用于商业化项目的潮流发电机。旋转直径为18米的单个转子，在流速为3米/秒的工况下，发电功率可达2.5兆瓦。它的装置几

图2-13 Seagen潮流发电机[6、7、10]

乎全部淹没在水中，少有视觉污染。在水下会产生适度的噪声以提醒海洋生物涡轮机的存在，但不会给人类带来噪声污染。环境影响调查表明该技术不太可能会对鱼类和其他海洋生物造成威胁或改变它们的生存环境。

2006年，由浙江大学机械与能源学院电子控制工程研究所研制的"水下风车"的模型样机（图2-14），也是属于这个系列，在浙江省岱山县进行海流试验并发电成功。样机的设计额定功率为5千瓦，流速2米/秒，转速50转/分钟。这次试验验证了桨叶设计、传动系统、密封及系统集成等关键技术的有效性，并为下一轮设计工作提供了反馈信息。

哈尔滨工程大学，分别于2002年3月和2005年12月在浙江省岱山县水道建造了我国第一台"万向I"70千瓦漂浮式潮流实验电站和"万向II"40千瓦座海底式潮流电站。电站包括用于增强流速的导流箱形结构载体、双转子水轮机、机械增速系统、电控系统以及辅助装置。双转子轮辐式水轮机主轴支撑于导流罩上端浮箱和下端沉箱，沉箱下方由8条腿支撑。

图2-14 浙江大学研制的"水下风车"

垂直轴式涡轮机发电

其特点是转轴方向与流向垂直，意大利Ponte di Archimede公司设计的三叶片Kobold水轮机就属于垂直轴多叶片转子（图2-15）。它的装置在固定的浮标下完全浸没在水中，转向与水流方向无关，转矩高，因此在强流条件下不需要启动装置就可以自发运行。

图2-15　Kobold潮流发电机[6]

转子直径6米，叶片长5米，叶片弦长0.4米的涡机，在2米/秒流速下最大发电功率可达40千瓦。其原型已经实现，从2001年开始，在墨西拿海峡成功运行。目前Kobold全球性的测试效率在23%左右。这个效率水平可以比得上已经发展了30多年的风轮机的效率。

此外，转子也有设计成"麻花"式，即前面水平"麻花"式，变成竖立式（图2-16）。

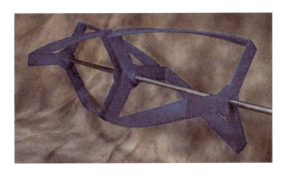

图2-16　Gorlov垂直轴式螺旋透平[11]

中国海洋大学研制的柔性叶片水轮机，也是属于这种类型（图2-17）。柔性叶片水轮机叶片采用高分子薄膜材料、帆布等柔性材料直接剪裁成形，相比于传统刚性叶片需专门设计、特殊工艺加工大为简化，易于维护、保养和更换，特别是当作成较大装机容量水轮机时柔性叶片在加工、运输、维护上体现出无可比拟的优势，同时柔性叶片具有重量轻、造价低廉、耐腐蚀的独特优点。

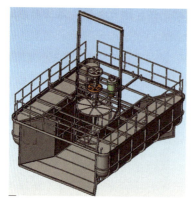
双浮体升降式结构

海上实验水轮机

图2-17　柔性叶片水轮机发电装置

振荡水翼式系统

其典型代表是Engineering Business有限公司开发的"Stingray"装置（图2-18）。Stingray属于可变叶片系统，由一个"水上飞机"组成，可以通过一个简单的装置根据来流改变它的攻角。引起支撑臂垂直振荡，轮流迫使液压缸延伸和收缩，从而产生了用于驱动发动机的高压油，进而产生电能。整个装置完全浸没在水下，并固定在海床上。

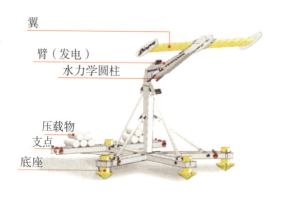

图2-18　Stingray潮流发电机[10]

2002年8月，第一架150千瓦Stingray原型示范机组在英国设特兰群岛附近的耶尔海峡进行了试验。实验结果显示在流速为3.5节的海流中，可以达到的电力峰值为145千瓦，平均电力为40~50千瓦。

该机运行原理、结构与风力发电的"风车"很相似，叶轮半径为1米。只要洋流流速在2米/秒以上，这台"水下风车"就能开始发电。样机的设计额定功率为5千瓦，转速为50转/分钟。

还有一种称为"增速式海流发电"，即将改装的驳船停泊在大洋的强流区中（如黑潮、湾流），驳船两侧装有水轮机，开始水轮机转动速度很低，每分钟只有几转，然后通过多级传动增速系统使转速提高到1000转/分，达到这样转速足以驱动在船上的发电机发电。发出电力可以通过海底电缆传输到海岸上，和岸上的风力发电、太阳发电结合起来。

第三节　放飞新的梦想

近几十年来，尽管各国科学家积极研究海流发电的各种实用技术，但到目前为止，海洋流发电技术还是没有达到商业化运营的水平。其主要原因是海洋流发电涉及的技术复杂（包括水下施工、水下机电、海上防腐、生态环保、水利机械、新材料等），发电设备可靠性不高，致使单位千瓦造价昂贵，市场电价缺乏竞争力。但是，最终人类将逐步解决这些问题。今天，超导技术已得到了迅速发展，超导磁体也得到实际应用，利用人工形成强大的磁场已不再是梦想。有的专家提出，只要用一个31000高斯的超导磁体放入黑潮海流中，海流在通过强磁场时切割磁力线，就会发出1500千瓦的电力。

世界海流能分布

这里所谓海流能，主要是指海洋中较为稳定的流动，是指大量的海水从一个海域长距离地流向另一个海域，而不是由于潮汐导致的有规律的往复或旋转的海水流动。这种海水流动通常由两种因素引起：首先，海面上常年吹着方向不变的风，如赤道附近常年吹着不变的东南风，而其北部中纬度附近则是不变的东北风。风吹动海水，使水表面运动起来，而水的动性又将这种运动传到海水深处。在北太平洋和北大西洋，占主导地位的风系造成了一个广阔的、按顺时针方向旋转的海水环流。其次，不同海域的海水其温度和含盐度常常不同，它们会影响海水的密度。海水温度越高，含盐量越低，海水密度就越小。这种两个邻近海域海水密度不同也会造成海水环流。全世界大洋流能量约5000GW，主要集中在大西洋北部靠近欧洲西海岸、澳大利亚海岸、黑潮和湾流区域（图2-18）。

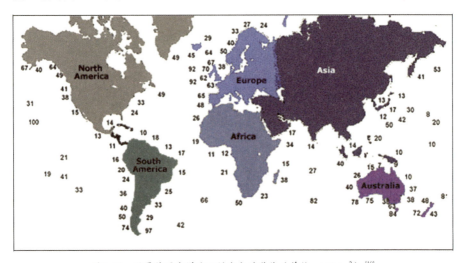

图2-18 世界范围内洋流可供发电的潜能（单位：kW/m^2）[10]

海流能开发的投资

按照世界网站对现有海流发电的估算，主要投资在于机械和电子及工厂制造。两者投资占整个支出78%以上（图2-19）。因此，要想降低成本，使得海流发电在市场上具有竞争力，就要在这两方面下工夫。

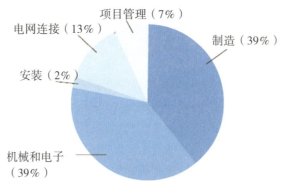

图2-19 海流发电投资[7]

发展中的问题

海流能发电和潮汐发电具有同样一些优点：

（1）近岸潮流发电，虽然有周期性间歇，但有准确规律可循，可用电子计算机准确预报出每天潮时、高低潮，从而有计划纳入电网运行。

（2）大洋中强流区（如黑潮和湾流），流速大，方向稳定，在海流发电中可以省去很多麻烦：如不用考虑流向的变化，从而省去一些复杂结构和维修费用。

（3）不会给环境带来任何污染，反而会给环境带来诸多好处，例如，水流通过涡轮机之后，造成水体湍流，这种湍流会使水体产生剧烈混合，将底层水带入表层，增加上层水营养盐含量；将表层高溶解氧带入底层，增加底层生物的增养殖。

（4）海流发电的水轮机转速慢，一般每分钟40~50转。对鱼类伤害小，水轮机的噪声也在一定程度上起到驱鱼作用。

但是它也面临诸多问题：

（1）潮流发电的流速要大，只有高流速，才有高效益。目前技术发展，要求最大流速在2米/秒以上，很多设计启动流速要在0.8米/秒～1米/秒以上才行。我国许多海域潮流速度都低于1米/秒，海流速度更低。只有在一些海峡、水道中流速才超过2米/秒，然而那里是通航要道，养殖最密集的区域。一些军用的航道，更是不允许用于发电的。只有在保证整个地方的经济发展和交通航运，保证沿海地区经济开发的要求前提下，最后才能考虑发电的问题。

（2）黑潮离大陆太远，利用黑潮发电目前不具备相应条件。台湾岛东部毗邻黑潮，离强流中心，也不过几十千米。但是电力输送也存在问题。

（3）受大小潮的限制。潮流和潮汐是一堆孪生兄弟，潮流电站的运转时间主要受月球运转和日、地、月三者位置支配。每月的潮流流速有大有小，小潮期间流速只有大潮的1/3。一个发电装置如果大潮可以运转，小潮期间就不一定可行。即使可行，大小潮发电能力相差9倍（因为能流密度和流速3次方成比例），显然，这对潮流发电能力的影响也是相当可观的。

（4）海水的高腐蚀度对发电设备的材料提出了极高要求，潮流电站以海水为工作介质，设备常年浸泡在海水中，防腐蚀、防海生物附着的问题，是大多水电站没有的。极端环境下如大风和暴潮，能不能保证发电机组完好无损，这些都是要面对的情况。

（5）国外环保人士对潮流发电也持有微词。认为水轮机的旋转会伤害鱼类，特别是游泳速度慢的大型哺乳动物，水轮机的噪声也会对生态环境造成一定影响。

南海潮流能密度最大海域

南海潮流流速总的看来偏低，最大流速不超过1米/秒，但是琼州海峡，由于狭窄水道的集束作用，中间和北部水域，流速普遍超过 1.2米/秒。最大流速超过1.6米/秒，有较好开发价值。图2-20至图2-23给出检验的琼州海峡潮流场数值计算结果。

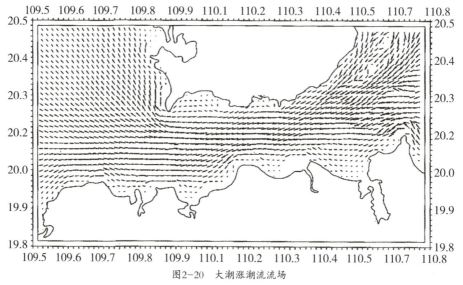

图2-20　大潮涨潮流流场

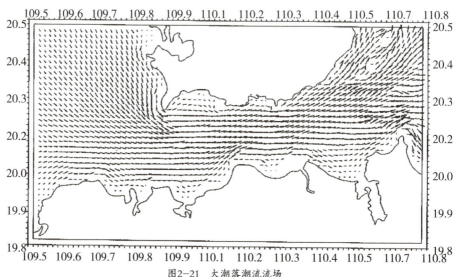

图2-21　大潮落潮流流场

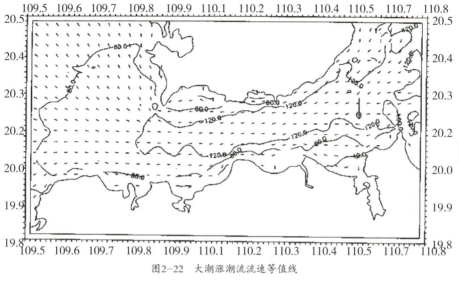

图2-22 大潮涨潮流流速等值线

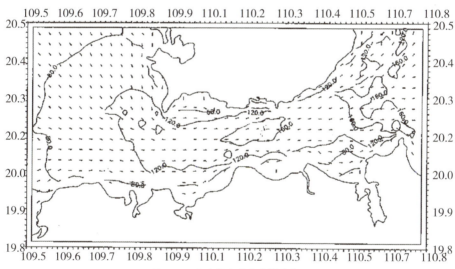

图2-23 大潮落潮流流速等值线

我国海流能资源发展规划建议

海流能开发造价高，投入风险大，我国只有在个别地点进行过试验或潮流示范项目研究，海试结束发电可行却没有实现长期发电。近期我国海流能开发还不具备大规模推广应用的能力。就我国的实际情况，海流能丰富的海区不一定具备开发条件，花费大量人力物力进行调查评估，其结果是毫无意义的。因此重点应放在最需要或最有可能实现开发价值的海区，对于小型化还是有许多需求的：

（1）为海洋仪器供电。

单体小型化后，可为远离常规电力供应，或难于更换电池的水下仪器进行能源补充。海洋仪器的供电问题一直是一项制约仪器发展和使用的关键性技术问题。通过使用小规模的海流发电机进行有效供电，可以实现水下仪器的不间断工作，为海洋监测检测提供有力保障。

自"九五"以来海洋"863"计划开发了大量海洋监测仪器，为我国海洋监测做出了很大贡献，但大量海洋仪器，特别是远海海洋仪器的供电问题没有得到很好的解决。该多用途海流发电新技术小型化后，可连接于各种海洋仪器，特别是远海海洋仪器，解决其供电问题。

（2）转换为其他形式的能源。

电力输送的距离远，输电成本高，难度大。但海流能的利用形式不一定局限于电能，可以转换为其他形式的能量。

目前氘气的提取、电解水成本高，可以考虑发出的电力直接在当地用于电解水、提取海水中的珍稀元素等。

（3）优先考虑缺电地区。

目前海岛用电紧缺，处于基本无电或一家一户的小型风力发电的状态。特别是西沙、南沙等远离大陆的岛屿，完全依靠大陆供应能源，供应线过长，生产生活困难。这些地区地处偏远，人口分散，缺乏常规能源资源，而且不适合采用常规方式建设能源基础设施，采用可再生能源是解决这些地区供电问题的有效手段。近期若建设大规模商业化海流发电站，比较困难，在这些电网无法覆盖的地区建设中小规模独立发电的设施更为可行。

参考文献：

[1]陈春涛.多传感器卫星数据黑潮变异的研究.中国海洋大学海洋信息探测与处理专业博士论文

[2]侍茂崇主编.物理海洋学[M].山东教育出版社（济南），2004

[3]崔清晨,陈万青,侍茂崇,林振宏.海洋资源[M].商务印刷馆（北京），1981

[4]王传昆.我国海洋能资源开发现状和战略目标及对策[J].动力工程,1997年,05期

[5] Verdant current power-pictures.google

[6] E Segergren, K Nilsson, D. P Coiro and M Leijon. Design of a Very Low Speed PM Generator for the Patented KOBOLD Tidal Current Turbine, Energy Ocean, 2004

[7]Future Marine Energy. Results of the Marine Energy Challenge:Cost competitiveness and growth of wave and tidal stream energy. http://www.oceanrenewable.com/wp-content/uploads/2007/03/futuremarineenergy.pdf

[8] Scottish Enterprise. Marine Renewable (Wave and Tidal) Opportunity Review, 2005. http://www.scottish-enterprise.com/sedotcom_home.htm

[9] Wave Energy paper. IMechE, 1991 and European Directory of Renewable Energy (Suppliers and Services) 1991 © 2005, Trident Energy Limited

[10]Ocean current energy http://www.exergy.se/goran/hig/re/08/ocean.pdf

[11] Gorlov helical turbine. http://en.wikipedia.org/wiki/Gorlov_helical_turbine

第三章

惊涛拍岸，卷起千堆雪
——浅谈波浪能发电

第一节 警笛的启示

神奇的警笛

20世纪初期，在法国西海岸乘船航行的人，在险滩暗礁附近，能够看到一种类似浮标的奇怪的东西。它能够在海面上浮沉飘动，可是它却不像一般浮标那样具有简单的圆柱状结构，看起来却像一座尖塔状的水上建筑。更为奇怪的是，海面上一旦出现波浪，它就可能吹起警笛，声音有长有短，有高有低，和波浪具有同样周期。这就是世界上第一个"警笛浮标"问世（图3-1）。

这个警笛浮标是法国人弗勒特切尔从自行车的打气泵得到灵感，利用锚定的、随浪起伏的浮标，抽动一个活塞，将压缩空气去吹一只哨笛，低沉的哨声，沿着海面上方的空气远远传开，警告过往船只："危险在这

图3-1 世界第一个警笛浮标[17]

里!"特别是大雾天气,航行的船只处在彻天彻地混沌之中,不辨方向,盲目航行,很容易导致搁浅、触礁,船毁人亡。有了"警笛浮标"的警告,可以减少这些危害,对航行安全实在是功德无量!自那时起,世界各沿海国家纷纷效法,就是我们中国在一些多礁海域也引进这种装置。这也是利用海洋波能为人类服务的最早的一种设备。当然,这种警笛浮标,只能算是海洋波能利用中的一个小小"玩具",是人类征服海洋过程中的一种初步尝试。人们最感兴趣的还是如何把波浪运动的能量,转变为可以驱动机器的电能,并且有效地传到岸上去。

第一个波浪发电装置问世

最早实现这个理想的人就是法国的M.B.波拉岁奎(也有的译成:布索·白拉塞克),他居住在法国皮尤多的罗扬海边别墅里,尽管那里空气新鲜,气候宜人,可是海浪对他居住的地方不时"骚扰",让他产生无端烦恼:有一次风浪掀起的沙石,竟飞出几百米,砸中他的屋顶。因此,当他在海边散步、面对来自大西洋滔滔巨浪,总是浮想联翩:波浪能量很大,要是把波浪能量用于发电,为我这座别墅所用,岂不最好?正所谓:不怕做不到,就怕想不到,他立即查阅资料,着手筹计(图3-2)。

(a)波能如此巨大 　　　　　(b)如何为我所用?

图3-2 思考,波能如何为我所用?

最终,他在距别墅不远的悬崖处,设置了一个垂直风道,利用波浪的垂直运动压缩空气,推动空气透平,终于在1910年完成世界第一台波浪发电的杰作,获得了1千瓦电力输出,用于家庭室内照明。

这一成功,大大鼓舞了许多国家热衷于波浪发电的人们,他们根据波浪的不同特点,纷纷拿出各种各样的设计方案。20世纪60年代,日本研制成功用于航标灯浮体上的气动式波力发电装置。此种装置已经投入批量生产,产品额定功率从60~500瓦。产品除日本自用外,还出口,成为仅有的少数商品化波

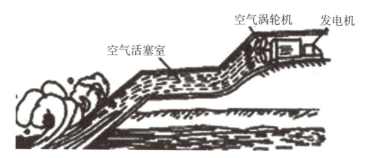

图3-3 第一台波浪发电装置问世[17]

能装备之一,甚至日本已经把它作为定型商品公开出售了。时至今日,诸如美国、英国、法国、日本、摩洛哥、瑞典、中国等国,皆有了自己的独特的发电装置。

波浪发电方兴未艾

世界上第一个商业海浪发电厂——"海蛇"位于葡萄牙北部海岸,2008年刚刚投入运转。"海蛇"的发电机是一个150米长的钢铰接结构,通过弯曲移动带动水轮发电机发电,可产生750千瓦电量。它运转起来非常好看,就像一条活泼好动的大鲸鱼。

图3-4 波浪发电机——"海蛇"号在海上[15]

"海蛇"的出现,将当时全球海浪发电的效率发挥到了极致。然而来自南安普敦大学的约翰·查普林带来的"巨蟒"却更让人吃惊。它体积更大,长约200米、直径达7米,重量却更轻。主要的秘密在于材料,"巨蟒"通身用橡胶制成,从外面看上去和一条长长的橡胶水管没多大区别,而"海蛇"则是不锈钢、混凝土和橡胶的混合体。

试验结果表明，"巨蟒"捕获海浪能量的能力约是"海蛇"的3倍，平均可达到1兆瓦的功率。这意味着它1小时的工作，就可以满足数百个家庭生活用电的需要，且"水蟒"发电的成本更低。科学家相信，这种发电装置很可能成为未来解决能源危机的答案。正因为如此，时任国务院副总理李克强同志亲自造访这家生产公司。

图3-5　2011年1月9日，李克强在英国爱丁堡参观"海蟒"波浪能源公司（引自新华网）

最早的波浪能利用机械发明专利是1799年法国人吉拉德父子获得的，他们尝试为一种可以附在漂浮船只上的巨大杠杆申请专利，它可以随海浪一起波动来驱动岸边的水泵和发电机。1854—1973年的119年间，英国登记了波浪能发明专利340项，美国为61项。在法国，则可查到有关波浪能利用技术的600种说明书。波浪能利用被称为"发明家的乐园"，不少学者曾乐观地认为：波浪发电的灯光，犹如童话中神灯一样，使人们充满了希望。最终各种波浪发电装置，可能像美丽的边饰那样，点缀在各国的海岸上。

第二节　大风吹起"翠瑶山"

无风不起浪

浩瀚的大海，时而白浪滔天，时而碧波荡漾，几乎没有平静的时候。我国民间流传着"无风不起浪"的俗话，它说明了风浪产生的条件和原因。波浪能是由风把能量传递给海洋而产生的，它实质上是吸收了风能而形成的。能量传递速率和风速有关，也和风与水相互作用的距离有关。南半球和北半球40°～60°纬度间的风力最强，生成的浪也最高。图3-6是作者在经过南纬"发疯的50°"处拍下的、波高超过15米的现场。

图3-6　南纬50°处波浪（作者1990年摄于南大洋）

在盛行风区和长风区的沿海，波浪能的密度一般都很高。例如，英国沿海、美国西部沿海和新西兰南部沿海等都是风区，有着特别好的波况。一位诗人生动地形容海面风浪的生成和传播:"大风吹起翠瑶山,近岸还成白雪团。"正是这一情况的真实写照。

无风也有三尺浪

在海边生活过的人们还会遇到这样的情况:海上风和日丽,海边却是白浪滚滚,甚至巨浪滔滔。无风也有三尺浪。那么,无风又怎么能起浪呢?原来经过较长时间的风吹刮所引起风浪,即使风停止了,浪却不能立即停止,仍然不断地在继续向前传播;或者,有风区的浪传播到无风的海区后,也会形成'无风三尺浪'(图3-7)。由于波形规则、波长长,人们通称它为"涌浪"。在台风来临之前,虽然岸边闷热、无风,但是会出现波峰圆滑、波形规则的波浪,就是典型的"涌浪"。

图3-7 海边观察的涌浪("百度"新闻图片)

海浪的高度并不是很惊人,到目前为止,人们观测到海浪的最大高度是34米,但是,它的威力实在大得吓人。法国的契波格海港,一块三吨半重的构件,在海浪冲击下,像掷铅球似的从一座6米高的墙外扔到了墙内。在荷兰首都阿姆斯特丹防波堤上,一块20吨重的混凝土块,被海浪把它从海里举到6米多高的防波堤上。苏格兰有个叫威克的地方,一个巨浪竟然把重约1370吨的庞然大物移动了15米之远。人们一般把波高达6米以上的海浪看作是灾害性波浪。根据计算,海浪拍岸时的冲击力每平方米会达到20吨~30吨,有时甚至可达到60吨。有如此巨大冲击力的海浪,可以毫不费力地把10多吨重的巨石抛到20米高的空中。

第三节 海浪是怎样运动的

波形向前传送

在海边观看波浪时，会看到一个一个波浪向岸边传来，似乎海水也随之流向岸边。其实不然，这种现象只是波形的传播，而不是水质点的真正运动（图3-8）。

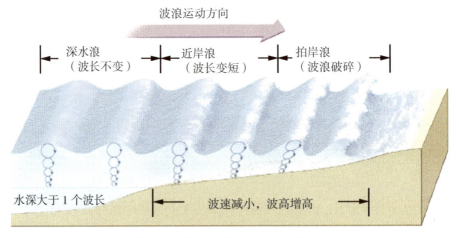

图3-8 波形向前传播，水质点只作圆运动

为了说明这个问题，你可以拿一条长绳子来，用手腕轻轻抖动，一个波浪便开始顺着长绳向前运动。但是，长绳本身却没向前移动。我们投一个皮球到海面，观察它的运动，就会发现，当波浪通过时，皮球只在原来地方的附近上下颠簸一下而已，并没有被波浪"带走"。再打个简单的比方，当芦花放，稻花香的时候，风吹稻穗，形成了金色的稻浪。当稻浪从广阔的田野这一头传到那一头时，稻穗只是上下颠簸，并没有前进。但是，波浪在海洋中传播时，受水深显著影响：在深水区（水深超过一个波长），波形不变，波长不变；当波形向近岸传播、水深小于一个波长时，波形传播速度降低、波长变短、波高增高；到达岸边时，波形破碎，形成壮观的拍岸浪。

海水是一种流体，是由无数海水质点组成的。当海面无风，或者风力很弱时，表面海水质点保持暂时的平衡状态。当海面的风达到一定速度时，在风的摩擦力的"推动"下使海水质点离开平衡位置，但每一个质点又都具有恢复它原来平衡位置的能力。因而各质点以其原有平衡位置为中心，上下兜圈子，作垂直方向的周期性运动（图3-9）。当波峰到达时，水质点位于圆周的最高点（如图中"5"点），质点速度与波形传播方向一致；当波谷到达时（如图中"1、9"点），水质点位于圆周的最低点，质点速度与波形传播方向相反。当水质点沿着自己的轨迹运动一周后，正好一个波传播过去。

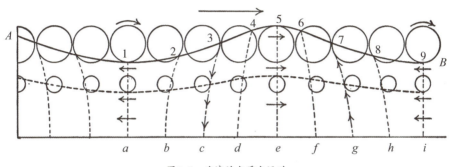

图3-9 波浪的水质点运动

从理论上推出的结果以及实际观测可知，海洋中小振幅进行波的水质点运动轨迹为一个圆，它以自己的平衡位置为中心作等速圆周运动。由此可见，圆的半径等于波浪的振幅，而水质点运动一圈所需的时间等于波浪的周期。

描述波形常用哪些名字

波浪基本特征的描述

人们常用周期、波长、波速和振幅或波高来描述波浪的特征。正如图3-10所示，一个简谐波的波长 l 是两个波峰之间的距离，波高是波谷到波峰的垂直距离，等于振幅的2倍。

周期T表示两个相邻波峰通过同一点所需要的时间。因此，波速C是：

$$c = \frac{l}{T}$$

如果波长为80米，周期为8秒，则波速C等于10米/秒。

而水质点沿着圆周的运动速率：

$$v = \frac{\pi H}{T}$$

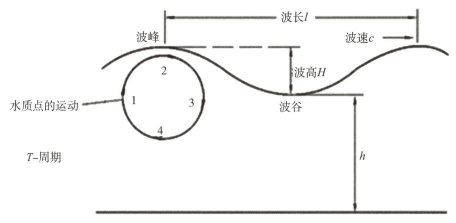

图3-10 波浪要素

如果波高5米、周期为8秒,则v等于1.96米/秒。

常用的统计波高

上述公式是对于规则波而言的,实际上波浪大都是不规则的,波高有大有小,分布杂乱无章(图3-11)。因此,我们必须引进一些统计的特征量,来描述实际波浪。

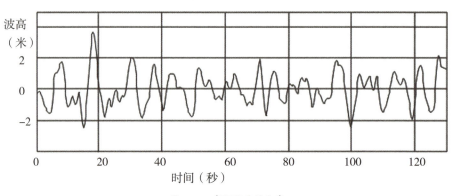

图3-11 实际记录的波浪

(1)平均波高$\overline{H}$。

将一段连续波高记录进行平均,就是平均波高。

(2)有效波高H_s。

将波列中的波高由大到小依次排列,其中最大的1/3部分波高的平均值称为有效波高。

（3）最大波高H_{max}。

指某次观测中，实际出现的最大一个波高；有时指根据统计规律推算出的在某种条件下出现的最大波高。

（4）波高的分级。

根据波高大小，通常将风浪分为9个等级（表3-1），将涌浪分为5个等级。0级无浪无涌，海面水平如镜；5级大浪、6级巨浪，对应4级大涌，波高2~6米；7级狂浪、8级狂涛、9级怒涛，对应5级巨涌，波高6.1米到10多米。

表3-1　海浪级别划分

海浪级别	有效波高	海浪级别	有效波高
微浪	Hs＜0.1米	巨浪	4.0米≤Hs＜6.0米
小浪	0.1米≤Hs＜0.5米	狂浪	6.0米≤Hs＜9.0米
轻浪	0.5米≤Hs＜1.25米	狂涛	9.0米≤Hs＜14.0米
中浪	1.25米≤Hs＜2.5米	怒涛	Hs≥14.0米
大浪	2.5米≤Hs＜4.0米		

第四节　波浪能是怎样计算的

总能量

浪的能量通过水质点的运动来计算。水质点运动速度的大小，决定着波浪动能的大小；而水质点上下位置的不断变化，又决定着波浪势能的大小。所以，当海面出现了波浪，整个流体也就具有了能量。对于波高为H（米），周期为T（秒），宽为1米的波浪来说，其功率P与波高平方和周期乘积成正比：

$$P \propto H^2 \cdot T （千瓦/米）$$

波浪能的能级一般以kw/m表示。

上述公式是对于规则波而言的，实际上波浪大都是不规则的，因此，通常用有效波高H_s的能量公式计算[8]

$$P=\frac{\rho g^2}{64\pi}H_s^2 T \approx (0.5\frac{kW}{m^3 \cdot s})H_s^2 T$$

P—单位长度的波峰能量通量；ρ—海水密度；g—重力加速度。H_s—有效波高。

如果有效波高以"米"为单位，波浪周期以"秒"为单位，则P的单位为"千瓦/米"。如H为1米，T为4秒，每1米宽的海面可产生功率2千瓦；若H为3米，T为8秒，则可产生36千瓦：

$$P=(0.5\frac{kW}{m^3 \cdot s})(3 \cdot m)^2 \cdot 8s = 36 kW/m$$

而在10公里宽的海面上，如果同样出现波高3米、周期为8秒的波浪，其产生的功率，就相当于我国的一个新安江水电站的发电量。由此可见海洋波能之巨大。对上述计算公式，大多数文章都予以承认，也有人给出的系数是0.49，而不是0.5。

全世界海洋波能估计

根据有关资料估算，全世界沿海岸线连续耗散的波浪能功率达27×10^8千瓦，技术上可利用的波浪能潜力为10×10^8千瓦，全世界波能最高海域主要集中在大西洋北部、太平洋东部美洲沿岸和澳洲的西海岸（图3-12）

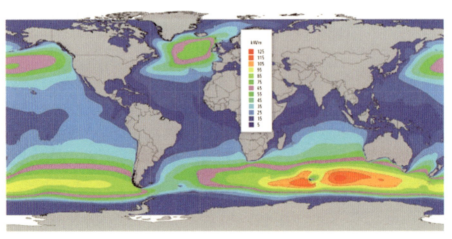

图3-12　全世界外海波浪发电能力（单位：千瓦/米）[5、12、13]

中国陆地海岸线长达18000多公里、大小岛屿6960多个。根据海洋观测资料统计，沿海海域年平均波高在2.0米左右，波浪周期平均6秒左右。台湾及福建、浙江、广东等沿海沿岸波浪能的密度可达5～8千瓦/米。波浪能资源十分丰富，总量约有5亿千瓦，可开发利用的约1亿千瓦。

波浪能量如此巨大，存在如此广泛，自古吸引着沿海的能工巧匠们，想尽各种办法，企图驾驭海浪为人所用。

波能集中在表层

波浪在海面处，高度最高，然后随着深度增加，波高迅速降低。在水深Z等于半个波长的地方，圆的半径、水质点的运动速度和记录到的压力差只有它们表面值的4%（图3-13）。

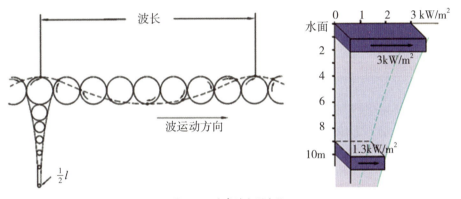

图3-13　波高随水深变化

由于，波能主要聚集在海面，一切企图利用海浪能量的设计，都是放在贴近海面的水体中。

第五节　波能的利用

波光潋滟是你温柔的胸膛/飞浪穿空是你无畏的身影/你为太阳洗去每天的尘埃/你给地球一个蔚蓝色的梦想/（取自赞美大海的儿童诗歌）。

当大多数人模仿诗人柔情地赞美波涛和涟漪的时候，科学家们却在思考如何利用水面的波浪发电。尽管之前，利用波浪发电的想法受到了各类技术的限制，不过，在科学家的不懈努力之下，波浪发电已现雏形。在广东省汕尾市遮浪半岛，我国自主研发的波浪能独立稳定发电系统第一次实海况试验获得成功，使一直受到怀疑的波浪能发电的商用前景在我国也展示出诱人的曙光。

分类

为了把波能转化为有用的形式，在世界大洋上遍布发电设备，这显然是不可能的，因为这样需要十分巨大的费用。然而，让巨大的波能自生自灭，实在深为可惜。许多海洋工作者为此而绞尽脑汁，设计出种种利用波能的设备。和其他动力资源的利用相比，其发展速度还是比较快的。总的说来，利用波能发电的装置如下一些分类：

按照提取能量内容来分有：利用波浪的势能（垂直运动）；利用波浪的动能（水平摇摆运动）和利用驻波波节水质点的水平运动的三种。

按照发电装置位置来分有：海上漂浮式、陆地坐底式和陆海联合式三种。

按照推动透平介质来分有：机械式、空气式、水体式和空气—水体联合式四种；

按照装置设计方式来分有：震荡水柱式、上下抽动式、摇摆式、垂直与摇摆结合式和涌入式5种。也有人将涌入式中设置于岸边取能装置叫做"终端式"，这样一来就有6种。

虽然各种设计的式样各有所别，但是，他们所遇到的问题则是共同的。根据波能利用的特点，任何一个良好的波浪发电装置必须满足这样几

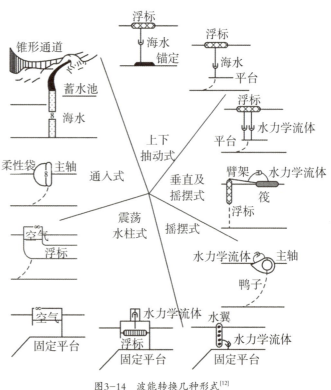

图3-14 波能转换几种形式[12]

个条件：

具有有效地利用波的低压水头的能力；

具有提取不同振幅与频率的波能的能力；

既要能适应小波浪发电，又要能抵御恶劣天气和大风大浪的冲击；

从原来的单一发电，尽可能发展到综合利用。

波能转换过程

波浪能的转换一般有三级：

第一级为波浪能的收集，通常采用聚波和共振的方法把分散的波浪能聚集起来。

第二级为中间转换，即能量的传递过程，包括机械传动、气动传动、低压水力传动和高压液压传动四种，使波浪能转换为有用的机械能。机械传动是最原始的传动：它采用齿条、齿轮和棘轮机构的机械式装置。随着波浪的起伏，齿条跟浮子一起升降，驱动与之啮合的左右两只齿轮作往复旋转。齿轮各自以棘轮机构与轴相连。齿条上升，左齿轮驱动其轴逆时针旋转，右齿轮则顺时针空转。通过后面一级齿轮的传动，驱动发电机顺时针旋转发电。机械式装置多是早期的设计，后来因为其结构笨重、摩擦力大和易出故障等原因，最终未进入实用的殿堂。

第三级转换又称最终转换，即由机械能通过发电机转换为电能。由于一次转换所得的能量，其载体具有压力大而速度低的特点，用它驱动二次转换机组不合适，因此，中间环节促使波力机械能经特殊装置处理达到稳向、稳速和加速能量传输，以推动发电机组。

漂浮式的主要优点在于建造方便，投放点机动，以及对潮位变化的适应性。由于波浪的表面性，吸收波能的物体越接近水面越好，而漂浮式能在任何潮位下实现这一要求；漂浮式的主要缺点是系泊与输电，这是难点所在。

固定的空气式吸收波能的开口无法适应潮位的改变，意味着至少有一半时间处于不理想的工作状态，大大影响了总体效率。

岸式装置需要经受大风浪的考验，波浪拍岸时出现了高度非线性现象，它的作用力难以用现有方法正确估计；波浪发电装置都建在位于海岛迎浪一侧，该侧一般为悬崖峭壁，再加上台风侵袭，施工难度很大。

为了让读者更好理解波浪发电的特点，下面我们从装置方式方面来介绍。

第六节　振荡水式柱
——波浪发电之一

"振荡水柱式",又称为水—气传动式,就是利用发电装置外波浪的自由运动,推动发电装置内水柱的垂直运动,进而去压缩或松弛装置内空气的密度,造成方向相反的两种空气流去推动空气透平,进而带动发电机发出电来。在这种发电装置中,空气是重要介质。

固定式气体传动

固定式,就是指发电装置被固定在海底上。指其原理如图3-15(a)所示。

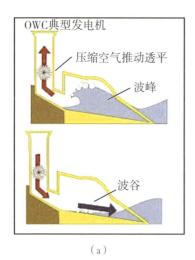
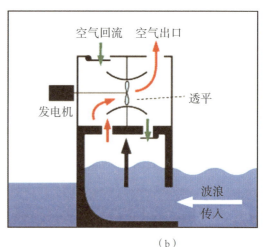

图3-15　波力发电换能原理

由图中可以看出:波浪发电机固定于岸边直立的空气室中,且空气室的向海一面有较大容积,即使在波谷到达时,也不能让气室露出水面,这就完成最简单的波能聚集和转换装置:当波峰到达时,外气室内空气受到压缩,然后沿着竖直通道向上运动,推动透平机(空气涡轮机)旋转,带动发电机发电;当波浪由波峰向波谷转移、波面高度降低时，气室内空气压力降低，空气从顶端阀门进入，再次推动空气透平，带动发电机发电。世界上第一个成功的波力发电装置是1910年安装在法国海岸边的容量为1千瓦的私家发电站，它采用的就是空气式。

图3-15示意图过于简单，图3-15中给出阀门及其转换。整个构造分为气室（下面）和透平机室（上面）。当波峰传入气室时，气室容积减小，受压空气将气室右阀门关闭，压缩空气只有经气室左面出口冲入透平室，推动涡轮旋转，带动发电机发电。当波谷到来时，气室内容积增大，气压降低，空气冲开"空气回流"阀门（气室左上）进入，穿过空气透平，再冲开气室右面阀门进入气室。这是双作用的装置，在吸、排气过程都有功率输出。气动式装置使缓慢的波浪运动转换为汽轮机的高速旋转运动，机组缩小，且主要部件不和海水接触，提高了可靠性。

浮动式气体传动

浮动式波力发电总体构架都悬浮在海水中。由于气室沉放在海面以下，气室入口处波高小于海面，且受到较窄的入口限制，因此，波浪传入受到限制，室内水面没有较大变动。当浮体随波浪上升时，气室内水体受重力作用迅速流走，容积增大，气压降低，空气经"进气"阀门进入气室。当浮体随波浪下降时，气室容积减小，受压空气将气室"进气"阀门关闭，压缩空气只有经"出气"阀门气冲入透平室，推动涡轮旋转，带动发电机发电。这是单作用的装置，只在波谷时能发出电力。图3-16是整个浮标和发电装置，图3-16是工作原理示意图。

（a）

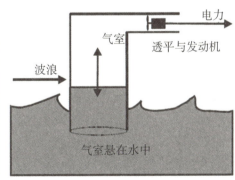
（b）

图3-16　浮动式波力发电原理

固定式气—水—气传动

20世纪80年代以来,挪威、日本、英国和中国等国家建造了数种波力电站,其中大多数波力电站是振荡水柱式的,它们具有良好的波能转换性能及防腐性能,对地形的依赖性小,且其设计方法和建造技术也发展得最为成熟。振荡水柱式波浪发电的原理主要是将波力转换为压缩空气来驱动水阀室水柱,然后通过水柱再驱动空气透平发电机发电。机组根据波浪的"峰""谷"分两个步骤进行。图3-17为水阀集合式波力发电机组处于波峰条件下发电原理图。

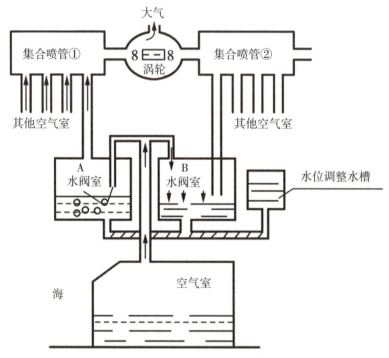

图3-17 波峰发电原理示意[16]

当装置在波峰时,海水进入空气室,使空气室内的水位上升,室内体积变小,气压增大,大于外界气压。因此,空气被压入A水阀室,在A水阀室产生的空气气泡集合后,从"集合喷管①"喷出,气流通过导向叶片,带动涡轮旋转做功。做功后的气体从通风口通出,B水阀室则隔断从A室来的空气,使"集合喷管②"处产生负压。

装置在波谷时(图3-18),空气室内的气体体积增大,压力降低,使室内的气压小于外界气压,外界空气冲开空气活门,进入涡轮,通过导向叶片推

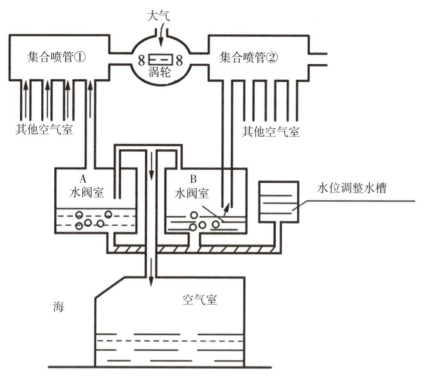

图3-18 波谷发电原理示意[16]

动涡轮机作功,做功后的气体经"集合喷管②",及水阀室B至空气室,而水阀室A则隔断空气。空气式波能转换系统结构简单,没有任何水下活动部件,而且将空气作为能量载体,传递方便,能通过气室将低速运动的波浪的能量转换成高速运动的气流,造价低,可靠性好。由于用空气做能量转换的中间介质,透平发电机组不与海水接触,避免了一些海水腐蚀和机组密封等问题,提高了装置在海洋环境下的生存能力。

第七节　上下抽动式
——波浪发电之二

上下抽动式，也是利用波浪上下起伏的运动，抽水、压水进入中央水池，再利用高水头推动透平—发电机发电；或者利用波浪上下起伏运动，带动一组导电线圈在固定磁场中往复运动，产生感应电流发电。

抽水泵式

1911年以后，人们主要追求的目标是波浪发电。直到第二次世界大战结束之前，摩纳哥王国的莱尼厄三世曾进行过波浪发电的初步尝试，但其结果并

图3-19　摩纳哥海洋研究所波浪发电装置示意图[17]

不理想。后来，摩纳哥海洋研究所又设计了一种波浪发电装置，结构很简单，也相当原始（图3-19）。其基本原理是：用一根很长的链条，一端系在浮筒上，另一端通过吊车的滑轮和水泵的驱动滑轮，接到两吨重的平衡重锤上。于是浮筒随波浪的上下起伏运动，受到平衡重锤的平衡，从而引起链条的往复运动，链条的往复运动拉动驱动滑轮，从而带动双向泵，把海水抽到岸上的一个蓄水池去。当蓄水池中的海水积累到一定高度时，就可以利用它的落差推动水轮机，带动发电机发出电来。当然，要想保持足够的发电量，一个这样的装置是不够的，要安装一组浮标和水泵，而所有的水泵又都要把水送到同一个蓄水池中去。

用这种方法发电的电站，可以建在离开海边若干距离的地方，避开建筑群或居民区。但是，它的占地面积很大，链条传递效率太低中间环节多，离岸边又不能太远，因此，是很不理想的装置。

美国斯克里普斯海洋研究所和海洋研究基金会设计出一种新的功率泵，对上述链条式波浪发电装置作了两点重要的改进，一是省去链条的机械传动，而借助于水柱的惯性运动，来提高发电的水头压力差；二是蓄水库就放在海上，省去中间的传递。

打气筒式

这种波浪泵是由垂直运动的管子（包括平阀门）和海面浮标两部分构成的。当浮标向上运动时，管中的水柱按惯性作用要向下运动，但由于阀门适时的关闭，水柱无法下降；当浮标随波浪向下运动时，惯性力又使水柱继续向上运动，冲开阀门，水柱不断升高，当水达到一定高度时，然后带动透平，透平的转动就可使发电机发出电来。在1972—1973年，斯克里普斯海洋研究所做了一个波浪发电的试验模型，并放到海洋中去进行试验。其基本原理是先把波能转换为高压水能，再通过标准的Pelton涡轮发电机组转换为电能。这个模型具有一根直径20厘米、长61米的垂直浮动管子，上端固定在浮标上，管中离水面6.1米处有一个单向水流的阀门。在波浪的作用下，它形成了一个喷射水柱，从浮标体上射入空中。1975年，它们又锚了一个直径为5厘米、长92米的泵，波浪泵的海上试验虽然海面平静，波浪很小，但这个泵的工作还是极为理想的，对0.6米的波高就有反应。它能把波压放大到两个大气压力（即18米以上水头），效率大约是30%。根据试验，一个135米长、直径为36厘米的波浪泵，设置在贸易风带，就可以发电50千瓦。为了提高波浪发电能力，还可以把若干个泵联结在一起,把各自泵出来的水集中到中间一个大水池中(图3-20),然后用这个水池的水带动透平发电,这样就可以减少透平功率的起伏。

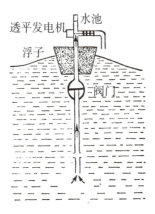
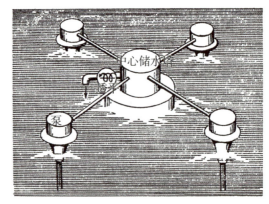

图3-20　打气筒式提水装置

这种设计对于遥远的工作浮标和未开发的海岸、岛屿来说,是一种既经济又合理的装置。波浪泵的最大缺点是,它以水介质作为传动流体,模仿陆地上水力发电装置,从而需要建立一个高压水头,这就使整仓设备庞大起来。

最新进展

(1)阿基米德海浪发电装置。

阿基米德海浪发电装置,这是另一种位于水下的漂浮物,由英国AWS海洋能源公司设计(图3-21)。其水中浮标利用海浪的起伏所产生的不同压力来发电。由于水压的大小跟水深正比,海浪升高,水压增大,而当海浪降低时,水压又会减小。这款发电机正是利用了这种水压的往复变化来达到产生能源的目的。

该装置至少安装在海面以下6米处,位于波浪中的充气套管与底部缸体上下运动,将动能转化为电力。波峰到来时,浮标内的空气受到挤压后,通过发电机发电。AWS海洋能源公司称,在0.5平方公里的面积内放置100个这样的浮标,发电机产生的电力可供55000个英国家庭使用。该公司将于2009年在苏格兰海域投放5个浮标用于测试,如果效果理想,将会很快在英国范围内大量普及。

图3-21 阿基米德海浪发电装置[AWS Ocean Energy]

（2）陆海联合式。

三叉戟（Trident）能源公司于2008年，在澳大利亚西部弗里曼特尔附近地区安装了一个漂浮系统。该系统可通过浮标上下运动，将海水泵入岸上水池中，然后通过透平—发电机发出电来。由于发电设备是在岸上，透平—发电机不会遭受具有腐蚀性和破坏性的海水侵袭，且避免最恶劣的海上环境。这个漂浮系统名为"CETO"，迄今为止的表现相当不错。一个面积达到5公顷的漂浮物阵列可产生50兆瓦电量。

图3-22 抽水浮标CETO外形[7]

电磁感应式

变化的磁场可以在固定的、导体线圈中产生电场;同样磁场不动,运动的导体线圈内也会产生电场,线圈自由电子在电场力作用下作定向移动而产生电流即感应电流(图3-23)。从能量守恒角度说,就是机械能转变成电能。

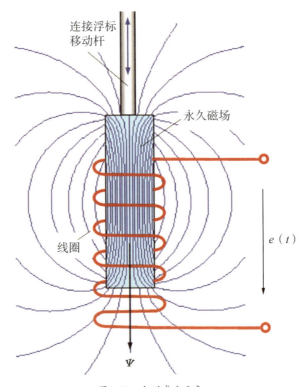

图3-23 电磁感应示意

图3-24就是利用电磁感应发电的示意图。浮标在波浪作用下,水下起伏,起伏的浮标通过钢缆拉动线圈,使这个线圈在固定磁场(图右中"定子")中来回运动。通过电磁感应,就可发出电来。

美国俄勒冈州立大学,基于上述原理,设计出用于海上试验的发电装置(图3-25)。

(1)发动机是直线式永磁发电机。

(2)通过波浪的上下起伏,利用海洋表面的浮标拉动发电机作直线往复运动,完成发电。

(3)依据海床的地质情况,在海床上做成固定基座。

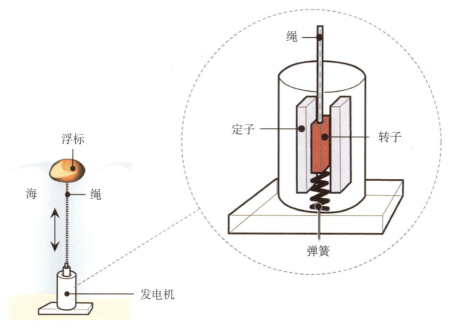

图3-24 浮标牵动线圈产生感应电流

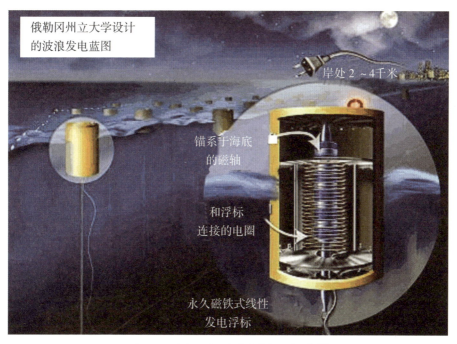

图3-25 俄勒冈州立大学波浪发电蓝图[3、14]

（4）波浪的运动是15周期/分钟.

如果将这种发电装置布放成陈列（图3-26），每个发电装置发出电力都先汇集到海底变电设备中，这样做是非常必要的：由于每个直线发电机的发电频率不同，需要特制的海底变电设备，统一成上网通用的50/60赫兹的交流电，然后再传输的岸上。

该发电陈列行排的间隔是20×50米（防止缆绳缠绕——浮标碰创。认为间距设定发电场海底的深度有关）。预期1000平方米安装1000个发电单元。

发电机设计寿命是20年。发电场可永久利用。目前使用现状和前景：

（1）已有的单台发电机的发电能力10~50千瓦。

（2）若安装10千瓦发电机2000台；装机容量是20兆瓦，年发电大约50GWH。

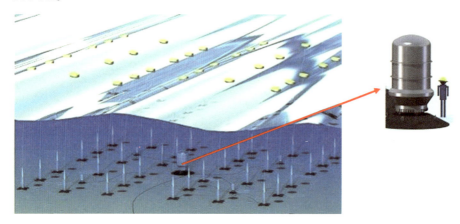

图3-26　海底电厂和变电设备（右面）

海明号

1976年，日本海洋科学技术中心设计的"海明"号船型消波发电装置，相当于海上电厂，是向大型化迈进的又一新的尝试。但是，它发电原理也是抽吸式。

老远看去，这座波力发电装置就像一艘停泊在海上的油轮，船头上有"海明"号的大字在阳光下熠熠生辉。严格说来，"海明"号并不是船，因为船有底，而"海明"号却没有底，就像一个很大的长方形水槽倒扣在海面上。

该船长80米，宽12米，高7.8~4.1米，重量相当于500吨。除有22个空气室外，还有一定容积的浮力室。空气室下方与海水相通，当波通过时，在正常海况下，波浪对船几乎没有扰动，所以这种装置的工作原理实际上接近于固定式装置。空气室内的空气被起伏运动的波面不断地排出或吸入，经喷嘴形成高速气流，从而带动空气透平发电机组发电。在这些空气中，每两间空气室与一台发电机组相连，每台机组的额定功率为125千瓦。共装10台机组，额定输出功率为1250千瓦，最大输出功率为2000千瓦。相当于通常1万户居民的用电量。

这种波力发电装置，还有一个优点，即它在发电过程中要吸收一部分波浪，把大浪变成小浪，起到了消波的作用。人们曾经设想：把几条"海明"号首尾相连，海上就自然形成。

第八节　前后摇摆式

——波浪发电之三

摇摆式，就是利用波浪的动能推动一种吸能装置前后摆动，然后带动一根拉杆和活塞，将水压入一个储水池，再利用储水池中较高水位带动透平、发电；或者直接将高压水去带动透平、发电。

荡波（WaveRoll）式

荡波发电装置的下部锚定在海底，在波浪推动下可以绕枢轴前后摆动。然后拉动一个具有活塞的泵，最终将波浪的动能变成电能。变成电能的途径有两个：一个是直接将高压水去驱动发电机发电；另一个是将高压水输送到岸上一个水力学系统中发电。荡波式装置的每一个部件都是模块化，模块组装起来就可使用。既方便维修，也便于运输。荡波式最适宜在波浪周期较长、涌浪较强的海区使用。由于底层波浪的自然属性比表层规则、稳定，所以这种设计可以全年发电，和其他利用表面波的设计不同，它的发电量起伏较小。每一个荡波装置可以发出13千瓦电力，投资只有2100欧元。

如果一切按照设定方向发展，这种提取波能的装置将在葡萄牙的佩龙谢小镇第一次正式使用。预计总重量280吨，长44米，高7米，安装在水深20米处。发电量300千瓦·小时，可供这个小镇2000户居民使用。厂家认为：这种提取波能的技术是当前世界最优秀的。

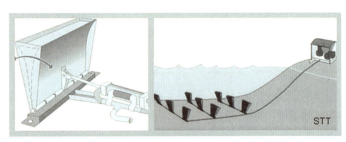

（a）Waveroll在装配　　　　　　（b）海底工作示意图

图3-27　AW能源公司的Waveroll外形及工作

布里斯托尔（Bristol）圆柱

这是由英格兰布里斯托尔大学David Evans设计的。他利用波浪的动能使圆柱体浮筒前后摆动，带动抽水泵，将高压水驱动透平，最后发出电来（图3-28）。

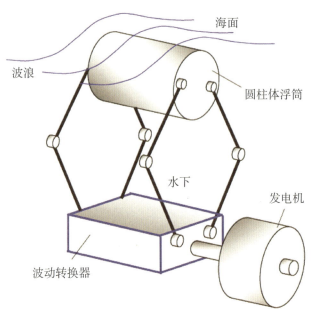

图3-28　布里斯托尔圆柱[12]

牡蛎式

牡蛎式波浪发电设备,它由透平和发电机(PCF)及波能提取装置(PCU)两部分组成。PCF重36吨,安装在近岸或陆地上;PCU安装在10~12米水深处,它由长18米高12米厚4米、总重200吨的浮动体组成,水平安装在4根水泥桩上,而这些水泥桩打入地底14米,然后与PCF铰接起来。为了使PCU沉在水下,要在其内部储水器内注入海水120吨,使其几乎完全沉没在水下,只有2米长的标志杆出露在海面上。PCU随波浪运动前后摇摆,然后拉动两个活塞杆,通过一根水管将高压水泵入岸上水力透平,再带动315千瓦的发电机发电。20台牡蛎发电机发出电力,足够供给9000个家庭的电力。

由英国能源研究所(NEI)研制的牡蛎Ⅱ型发动机2010年2月问世,其技术难度和Ⅰ差不多,但是提取能量的量要多得多:它由多个摇摆器构成(图3-29),每个摇摆器能提取800千瓦电力,然后通过一根管子连接到陆地2.4兆瓦的发动机上,足够供给12000个家庭的用电之需。

图3-29 牡蛎式提取波能装置[15]

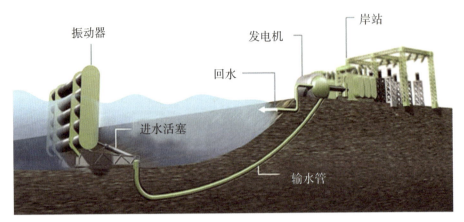

图3-30　牡蛎式发电装置[15]

萨蒂尔鸭子

为了在工作效率上有所突破，1974年，英国人S.萨蒂尔在水平转子的基础上，革新制造了一种外形像鸭子的摇摆装置，有的人直接称为"萨蒂尔鸭子""爱丁堡鸭子"，或者简称"摇摆鸭子""鸭子"。"鸭子"问世之初，在英国曾风靡一时。后来因为对其效益计算错误，致使一度风光不再，发展缓慢。10年之后，一位科学家纠正了那个错误，"鸭子"的研究又热闹起来。这个系统的关键是一个专门设计的叶轮，当波浪从前面打击这个非对称的"鸭形"物体时，叶轮就围绕着固定的中心轴，上上下下地摇摆起来。叶轮的摇摆，带动着工作泵，工作泵又带动透平，最后通过发电机发出电来。但是，当波浪从它的后面传来时，这种鸭形物体则无动于衷。其整体的结构如图3-31所示。

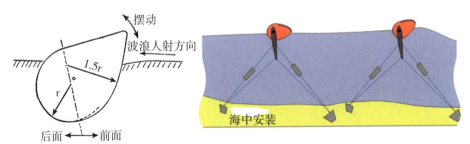

图3-31　萨蒂尔鸭子结构[12]

萨蒂尔鸭子和波浪的关系如图3-32所示。由图中可以看出：在波峰到达之前，鸭子的头部（活动端）向上旋转［如（a）中红箭头所示］；待波峰到达时，鸭子的头部向上举到最高处，且运动停止［图（b）所示］；波峰一过，鸭子的头部就反向回落［如（c）中红箭头所示］。

图3-32　萨蒂尔鸭子与波浪传播关系[12]

萨蒂尔这种装置的发电试验是在奈斯湖上进行的。"摇摆鸭子"的凸轮式波力发电机大得惊人。长6米左右的凸轮有20个以上连在一起，横冲着波浪（图3-33）。叶轮的直径大约为20米，自重60吨。它们被锚在100米深度的水中，实验持续时间长达两年。

在实际运转中还发现，摇摆叶轮安装在深水中，它的电力输送比较困难。为了解决这个问题，又有人设计出一种电能的储存方法，即先用电能去电解水，制取氢，然后再将氢送到岸上发电站去发电。

氢是一种没有污染的燃料，因而，不必考虑烟囱或通风设备。用氢作为发电的燃料，通过燃气—蒸汽涡轮发电装置来发电，其能量转换效率高达60%～70%，比目前最先进的火力电站热效率还要高20%～30%。此外，氢还可以作为汽车和航空的动力。可以设想，将波能这种能量分散且又不稳定的能源，先变成氢，然后加以综合利用，是有其广阔前景的。

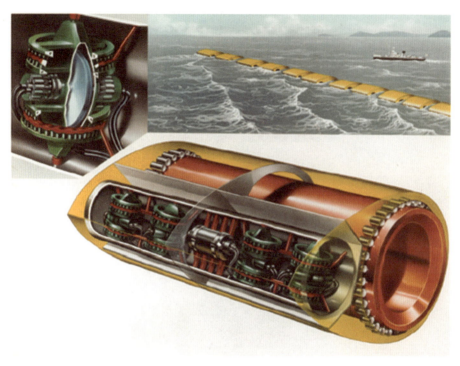

图3-33　萨蒂尔鸭子的组装发电[15]

谐振弧线式（WRASPA）

英国曼彻斯特焦耳研究中心资助、研发的WRASPA（Wave-driven Resonant, Arcuate-action, Surging Power Absorber）——谐振式弧线运动吸波装置（图3-34），曾在兰开斯特大学历经30年的试验。该设备安装在水深20~50米处，它的基本工作原理是：一根桩柱打入海底，波能收集系统就安装在这个"桩"柱的"基座"上，"波能收集器"在波浪的推动下，绕着"枢轴"前后摆动，压缩水体，带动透平，通过发电机发出电力，最后通过电缆将电能送到岸上使用者手中。其主要设计者Bob Chaplin估计，在北大西洋波况条件下，一年可以发出1.5兆瓦电力。在"欧洲波、潮能会议"（波尔图，2007,9）上，一些专家指出：和其他发电装置技术相比，在北大西洋波况条件下，该设置一年只要发出2.0兆瓦电力，就是最经济的，也是相对容易安装和维护。

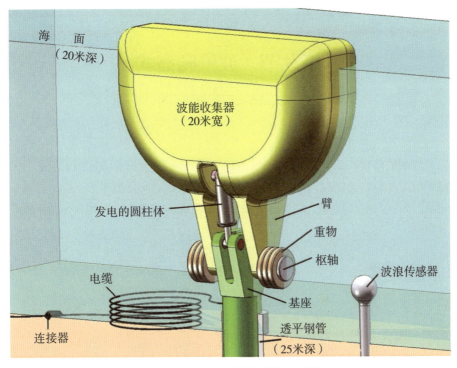

图3-34　WRASPA海床基波浪发电装置

第九节 波浪爬高式

——波浪发电之四

所谓波浪爬高式,又称冲击式,就是利用波浪的动能和势能沿着上溯的、逐渐收缩的斜坡地形爬高,将水聚集于水池中,然后利用高水头下降,冲动水轮机,带动发电机发电。由于这些装置是先聚能,后发电,因此也称为聚能式发电。

固定式

一种称为"终端式"发电机,就是这种发电形式代表。终端发电机,是在垂直于波浪传播方向,捕捉反射波的能量发电。一般来说,要在近岸陡峭处最好。那里水比较深,波能较多。所以,"终端式"发电是典型的向岸或近岸设备。为了聚集更多波能,一般上窄下阔,利用收缩波(图3-35)聚能。

更多的是利用收缩波道聚能。其实就是两道钢筋混凝土做成的对数螺旋正交曲面,从海里一直延伸到高位水库里。两道墙在高水库内相接。当波浪进入收缩波道时,由于收缩波道的波聚作

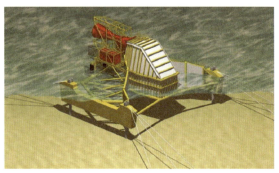

图3-35 "终端式"发电[7、12]

用，使波高增大，从而使海水越过钢筋混凝土墙进入高水水库，然后通过一个低水头水轮机、发电机组发电。这是一种提高能量密度的方式。挪威波能公司（Norwave A.S.）于1986年挪威MOWC电站附近建造了一座装机容量为350千瓦的聚波水库电站（图3-36），电站的技术关键是它的开口约60米的喇叭形聚波器和长约30米的逐渐变窄的楔形导槽。有一个比海平面高的水库和一个渐收的波道与导槽相通的是面积约8500平方米，与海平面落差约3~8米的水库，发电

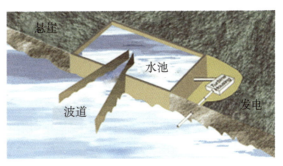

图3-36　聚波水库电站[12、15]

采用的是常规水轮机组。先将波浪能集中，然后保留其位能部分，任其消耗其动能部分，整个过程并不依赖于第二介质，这种方法的优点在于波能的转换没有活动部件，可靠性好，维护费用低且输出电力稳定。建造者称其转换效率在65%~75%之间，几乎不受波高和周期的影响，电站自建成以来一直工作正常，不足之处是，建造这种电站对地形要求严格，不易推广。

一个叫做开发再生能源公司（Renewable Energy Holdings），他们设计的波能提取装置（CETO）的基本思路是：在靠近海岸的海底处放置一个水箱式贮水设备。当波峰经过时，水压冲开活塞，将水压向水塔；波谷经过时，活塞关闭。利用水塔的高水头冲动涡轮机发电。

浮动式

和固定式不同的是，它不是建在靠岸的海底上，而是漂浮在水面处。图3-37是海上浮动式发电装置的建筑外形，它悬在水中，用锚系固定。发出的电力用电缆送到海岸上。

图3-38给出浮动式发电装备的侧面和俯视图。图3-38中，海上沿着波道

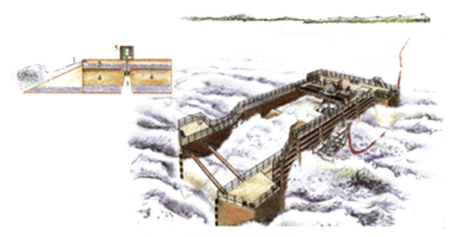

图3-37 浮动式发电装置建筑外形

爬高,进入水池,然后推动透平、带动发电机发电。整个水池用锚链系于水中。图3-38中,波能收集器是逐渐收缩的喇叭状,正是由于集波装置,才能将波浪的动能部分也转变成势能,引导海水爬高。

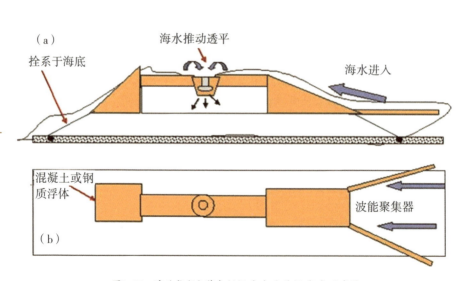

图3-38 浮动式发电装备侧视(a)和俯视(b)示意图

第十节　垂直摇摆式（筏式）
——发电波能利用之五

前面所有发电装置，都是点源式提取波能，即波浪传播到发电装置的那个"点"上，能量才能被提取和转化，发电装置对"点"外波能无能为力。而这一节介绍的是"面"式波能提取装置，即利用多节的、浮动筏式设备，放在与海浪传播方向一致的水面，利用波形的高度不同，"挤压"水体去推动透平，带动发电机发电。

柯克魁尔筏式发电

克里斯托弗尔·柯克魁尔设计出一种浮动筏式的波浪发电装置（图3-39）。这个设计的基本原理是，利用浮动筏在波面上作相对运动而取出波能。由于能量转换效率决定于筏子的数量及其尺寸，所以将许多浮动筏铰连接在一起，以这种筏子系列来提取波能。长长的多节的漂浮体和波浪传播方向平行。沿着传播方向，波浪的不同高度引起连接处弯曲，而这些弯曲又连接水力泵或其他转换器上。随着波浪的起伏变化，使得一个浮筏上的活塞在另一个浮筏的圆柱体内来回运动。

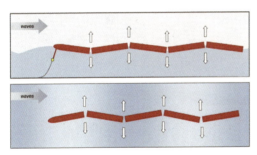
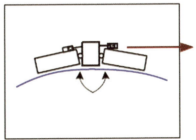

图3-39　柯克魁尔示意图[10]

在大西洋水域实验时，这种浮筏长10米（相当于最短波的波长的1/4）、宽40米。虽然这种设计目前还处在实验阶段，但是，在海上所进行的模式试验已取得成功；从技术条件上看，也是切实可行的，所有部分都适合于大量生产，修理也方便。如果某一部分也受到损害，只要用一个桥式设备，就可将损害物拿开并换上新的。

"海蛇"（Pelamis）的出现是这一思想的得力体现

"海蛇"的发明者理查德·耶姆(Richard Yemm)是一名终身海员，可能受到海上海带架子的启发，或者直接来自柯克魁尔的灵感，他设计出"海蛇"一样不停扭曲的发电机组，虽然外形有与柯克魁尔设计相似之处，但是波能提取技术却不可同日而语。

最初的"海蛇"为一长形之半潜式装置，总长150米，直径3.5米，而总重量达700吨。前端鼻部用缆线固定于海底，松弛之缆线让长形的主体，朝向波浪来的主方向自由摇摆，以撷取最大之波浪位能（如图3-40所示），其设计类似风力发电机组的追风转向。

整个构造由四节圆柱状浮筒链接在一起构成，三个链结点处各置有一个250千瓦之发电机组（如图3-41所示）。发电机组内视和外视结构，则如图3-42所示。

每一个"海蛇"都由4节长圆柱式浮体构成，中间有3个发电机组。如图3-43所示，每个发

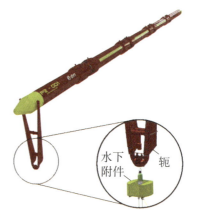

图3-40 "海蛇"头部

图3-41 250千瓦发电机组[15]

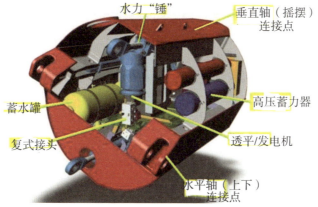

图3-42 发电机组外视图（上）和内视图（下）[15、22]

电机组头部通过水平铰链（1A）连在圆柱体最重的一边，可以保证圆柱体绕水平轴上下运动；发电机组尾部，通过垂直铰链连在后面圆柱体上（1B），可以保证后面圆柱体自由摆动。圆柱形浮体不管上下运动还是左右摇摆，都能挤压海水，推动透平—发电机发出电来。

（1A）是水平铰链，连在模块上下运动一边（重的）；（1B）垂直铰链，连在另一边模块上，可以左右运动（摇摆）；波生运动强迫活塞（2）带动前后运动组件在水力室（3）中运动，再推动流体通过水力蓄能器（4）去推动水力透平（5），继而转动发电机（6）。

为了能更清晰看出发电机的发电原理，图3-44中给出简化图。由图中可以看出：有很大的水力"锤"附着在圆柱体模块上。当长长的圆柱体扭曲和转动时，这些"锤"状物，像活塞那样，来回运动，其巨大的力量，将高压油经过能量稳定输出系统驱动液压马达，带动发电机发电（图3-44），产生的电力

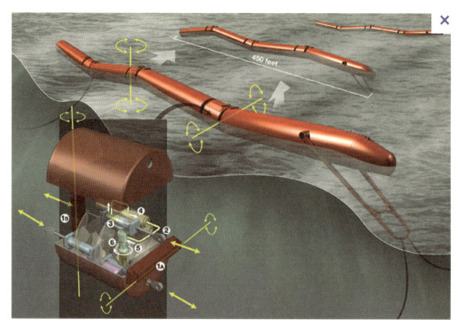

图3-43　发电机组在装置中位置和连接方式[22]

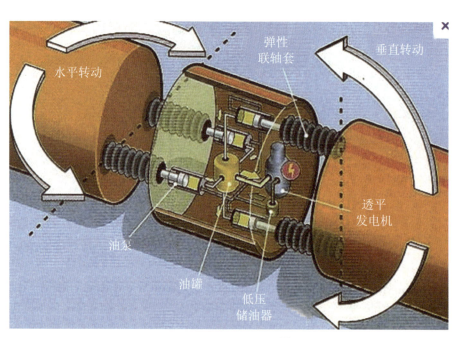

图3-44　发电原理示意图[22]

经由海底电缆输送到岸边，达到陆上电网中去。

"海蛇"体积庞大，又长又重，在海中面临风险也大。"首先得从让设备存活下来。"商业开发主任马克思·卡尔卡斯(Max Carcas)如是说。好在耶姆的天才设计能够避免风暴的摧毁。它的"嘴"垂直于海浪的方向，每当海浪翻滚过来，它的身子就会随着波浪上下起伏，水压通过"嘴"上的阀门传递进去，推动躯体内的液压活塞作往复运动，驱动发电机发电。当大海中出现高强度的海浪时，"海蛇"会像真的海蛇一样，潜入海浪中，穿梭自由，而不会有毫发损伤。"海蛇"的出现，在人们开发海洋能的视野中，不愧为一道亮丽的风景线。

"巨蟒"带给人又一个巨大惊喜

"海蛇"的出现，将当时全球海浪发电的效率发挥到了极致。然而来自英国科学家弗朗西斯·法利和罗德·雷尼共同发明的"巨蟒"（Anaconda）却更让人吃惊。它体积更大，长约200米、直径达7米，重量却更轻。主要的秘密在于材料，"巨蟒"通身用橡胶制成，从外面看上去和一条长长的橡胶水管没多大区别，而"海蛇"则是不锈钢、混凝土和橡胶的混合。

在奥克尼的试验结果表明，"巨蟒"捕获海浪能量的能力约是"海蛇"的3倍，平均可达到1兆瓦的功率。这意味着它1小时的工作，就可以满足数百个家庭生活用电的需要。"巨蟒"工作原理非常简单：将"巨蟒"安装在距离海岸1.6~3.2公里远的水面附近，那里水深为36~91米，头部系在海床上，同时使"巨蟒"的橡胶管道内充满海水。这样每当有波浪经过时，弹性极强的橡胶管就会随之上下摆动，橡胶管内部就会产生一股水流脉冲（鼓包）。随着波浪幅度的加大，脉冲也会越来越强（图3-45），并汇集在尾部的发电机中，最终产生电能，然后通过海底电缆传输出去。

尾部发电机如图3-46所示。

更详细的、放大之后组成，则如图3-47所示。从图3-47中可以看出有多部接受冲压装置，在接受波浪引起的水脉冲冲击之后，动能传递给蓄能器（压力增高），再推动透平—发电机发出电来。每条长150米、直径7米的"巨蟒"最多可以产生1兆瓦的电能，足以满足数百个家庭的日常电能需要。如果进一步的测试取得成功，首批"水蟒"将在5年内安装完毕，从而替代未来几十年需要建造的数千台风力发电装置。据该项目负责人介绍，安装地点可能选择在苏格兰和爱尔兰的西海岸，因为那里可以产生更长距离的水下海浪。

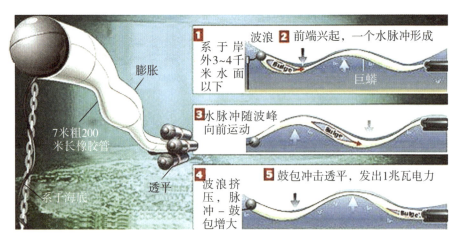

图3-45 "巨蟒"工作原理［波浪发电互动百科］

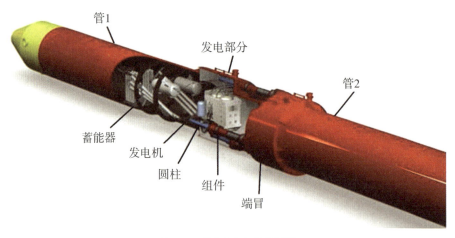

图3-46 尾部发电机的构件[22]

由于制作材料主要是橡胶，"巨蟒"比其他波浪发电装置重量更轻、构造更简单、建造和维修成本更低。英国政府碳信托基金的研究也证实，与近海风力发电相比，"巨蟒"发电的成本更低。科学家相信，这种发电装置很可能成为未来解决能源危机的答案。

英国利用波能发电的量占欧洲波能发电量的35%，大部分波能设置位于苏格兰的西北岸，英格兰的西南岸也具有潜在的开发价值。大量的出版物介绍了英国波能储量，最近的估算波能为50TWh/年，约为英国现有电的生产12.4%。要生产50TWh/年电能，需要巨大的设计阵列，几百公里长，几十甚至几百公里的外海水域。

图3-47 尾部发电机的全貌[15、22]

波能技术是最看重的技术。全世界发展波能的35家公司，有34家着眼于波浪发电技术。和其他海洋能相比，波能资源广泛和蕴藏量多。全世界靠近海岸100公里范围内50%的居民，可以享受波能的恩惠。大多数公司发展波能提取装置都着眼于"点吸收"（图3-48）。抽气筒就是典型的点吸收。因为它可以把来自各个方向的波能加以吸收。

与风能技术相比，波浪能技术尚处于起步阶段。波浪能发电设施所有的创新性设计都是为了能高效利用波浪能，其总有些设施将沉在海底，有些将位于水体中，有些则浮在水面上，大大小小，各式各样，并非一成不变。

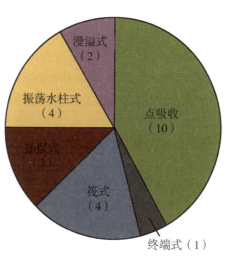

图3-48 目前全世界发展波能技术方向

第十一节　商机评估

投资

从图3-49中可以看出，投资的重头戏在"机械和电子设备"，几乎占据总投资的50%。"建设"和"组装"占总投资40%。由于海事工程成本与风险均较陆域高出许多，因此投资老板的设计理念有以下三点：

（1）就是现场作业（即海上耽搁时间）要尽量少。

为此，系统设计上采用板块组装，到海上既可快速装配，也能迅速分解，以减少特殊机具的投入、潜水人员及深水作业装置，减少大件运输的难度和租船费用，降低海上风险和施工成本。

（2）所有的维修工作均在岸上进行。

波浪发电装置出现故障是在所难免，但是直接在海上修复难度很大，在风浪中操作也很困难。通常要用拖船将机组拖回码头边的维修场进行整修，那里水浅、浪小，更换部件要容易得多。

（3）采用现有成熟技术，不必事事都要标新立异。

由于海上钻井工程技术发展多年且相当成熟，发电工程中采用现有海上钻井平台之技术进行设计、组合，可大幅减少研发时程及成本。安装或维修也使用既有海事工程之船舶与机具，无须再设

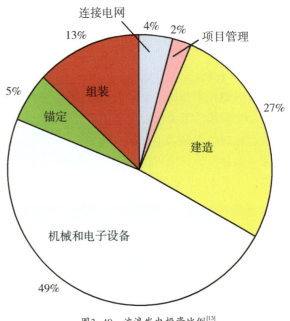

图3-49　波浪发电投资比例[13]

计、制造特殊机具，以降低成本提高系统的经济竞争力。

（4）存活率重于转换效率。

由于海洋环境恶劣且维修作业困难，波浪发电要追求高存活率，然后再考虑转换效率。通常存活率与转换效率是相抵触的，但就维修成本与经济效益来分析，长期维持机组之正常运转应是较佳的选择。

维护

维护工作的花费，主要在"计划内维修"和"计划外维修"两部分。"计划外维修"和突发性事故有关。例如，一场暴风、巨浪，可能摧毁局部发电设备，人为的破坏有时也是严重的。

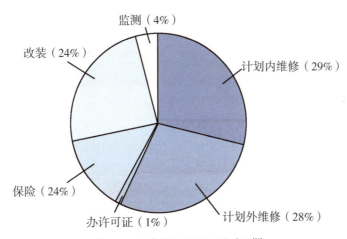

图3-50 波浪发电运转和维修费用[10]

未来将朝向大规模组合发电，也可以降低维修费用，以提高其经济效益。例如构建一座由40台750千瓦"海蛇"所组成的、总容量30兆瓦的"波浪发电场"是不困难的：每一条"海蛇"朝主波向呈三列排列，同列机组间距离约150米，前后列距离约200米，所占总面积约1平方公里，如图3-51所示。在波能密度50千瓦/米的海域中，每年将可产生超过100GWh的发电量，足以供应20000户家庭用电。值得一提的是由于波能的密度远大于风能密度，若使用相同海域面积，波浪发电产生之电力为离岸风电的4~5倍，就能源密度而言，波浪发电具有更高的效益。据OPD评估，一座30兆瓦之波浪电场其发电成本约4.3p/kWh（Pennies per Kilowatt Hour），而OPD更乐观地预期至2010年将可降至2.5p/kWh，深具市场竞争潜力。

图3-51　波浪发电场[15]

　　然而，对于"巨蟒"是否可以避免海浪对机械装置造成的毁灭性破坏，中国的科学家表示了谨慎的怀疑。"如果不能在真正的海浪环境下保证一至两年持续而稳定的供电，就谈不上商业推广。"中科院广州能源所游亚戈如是说。据他介绍，中国在海浪发电站开发过程中就有类似的问题。在"九五"和"十五"期间，广州能源所在广东汕尾市的遮浪半岛也建造了波浪能试验电站，分别测试了两种不同的波浪能转换装置。关键技术已经突破，但一根重要的轴在入水工作若干小时后就不幸折断，后来在轴的断裂处竟然发现了焊点。在强有力的海浪面前，发电装置出不得丝毫差错。

　　"海蛇"甫一问世就吸引了葡萄牙的密切关注。2007年，该国政府以每根约30万人民币的价格，向英国海洋能源公司购买了30台以上的"海蛇"，建成了世界首座商用海浪能发电厂。葡萄牙为此甚至不惜动用国家力量，通过强制执行的上网电价政策推动其推广。海浪发电似乎终于踏上了迈向商业化的征程。

　　"巨蟒"的发电能力超过"海蛇"，其成本却不及后者的1/3。据目前橡胶业的行情，一根1兆瓦的"巨蟒"成本只在10万元左右。也就是说，1000瓦功率的发电机只需要花上100元。如果按每度电平均5角计算，就意味着，只需有效工作200个小时，就可以收回成本，这样算来，甚至会比目前新能源电力市场上占主导的风力发电还要省钱。不仅如此，"巨蟒"更好的抗冲击和抗腐蚀能力使得维修成本也大幅降低。

另一个考验来自电价。据中国国家电监会发布的年度报告显示，去年风电的平均上网电价为每千度电618元，而火电仅为346元，价格相差一半以上。目前中国若是把海浪发电并入电网，电价格将会更贵，能否吸引普通用户的青睐是个未知数。看起来，尽管国际市场需求暗潮涌动、创新技术曙光初显，但在中国，谈论海浪发电的产业化似乎仍然为时过早。在边远海岛、钻井平台、深海采矿等场所建设海岛独立电站仍然是当前的重点。

第十二节 我国波浪发电进展[18、21]

我国波能利用现状

至于我国的波能资源也是十分可观的。我国的海岸线不仅很长，而且绝大部分位于北纬20°~40°。根据调查和利用波浪观测资料计算统计，我国沿岸波浪能资源理论平均功率为1285.22万千瓦，这些资源在沿岸的分布很不均匀。以台湾省沿岸为最多，为429万千瓦，占全国总量的1/3。其次是浙江、广东、福建和山东沿岸也较多，在160万~205万千瓦之间，约为706万千瓦，约占全国总量的55%。

游亚戈认为[19]：沿海波浪能很大，但海岸线上能量分布不均，我国沿海波浪能流密度每米2~7千瓦。在能流密度高的地方，1米海岸线上的能流就足以为20个家庭提供照明。但游亚戈表示，预计在不久的未来，波浪能发电系统可实现模式化生产，并将设备装箱推入海底，不占用陆地资源，由此成本将大大降低，每度电成本控制在2元左右。目前在珠三角一带的沿海岛屿上，如珠海桂山镇、大万山岛，用电成本已经超过了这一数字。

因为波浪能是可再生能源中最不稳定的能源，实海况测量得到的统计数据表明，10分钟内波浪的最大能量约为其平均能量的7~10倍。许多国家都采用昂贵的发电设施，仍无法得到稳定的电能，只能将不稳定的电能输送到电网上，这样会受到电网覆盖范围的限制。如果利用波能从海水中制造淡水来补充陆地供水的不足，这也是利用不稳定波能的措施之一。游亚戈介绍说，利用波浪能制淡系统，可望实现利用海上的波浪能，直接将海水转化为淡水的良性循环。目前珠三角地区所有无过境水的城市，如深圳、珠海、茂名、阳江、湛江、汕尾等地，都缺乏淡水资源；同时，汕头等地，由于水质污染等原因，城市供水也出现不足。也有人提出利用波能制氢。氢是一种没有污染的燃料，因而不必考虑烟囱或通风设备。用氢作为发电的燃料，通过燃气—蒸汽涡轮发电装置来发电，其能量转换效率高达60%～70%，比目前最先进的火力电站热效率还要高20%～30%。此外，氢还可以作为汽车和航空的动力。可以设想，将波能这种能量分散且又不稳定的能源，先变成氢，然后加以综合利用，是有其广阔前景的。

1990年在珠江口大万山岛安装的3千瓦岸式波浪发电机试发电成功。我国首座波力独立发电系统汕尾100千瓦岸式波力电站于1996年12月开工，2001年进入试发电和实海况试验阶段，2005年，第一次实海况试验获得成功。该电站建于广东省汕尾市遮浪镇最东部，为并网运行的岸式振荡水柱形波能装置，设有过压自动卸载保护、过流自动调控、水位限制、断电保护、超速保护等功

图3-52　汕尾波浪发电厂址[19]

能。根据规划，到2020年，我国将在山东、海南、广东各建1座1000千瓦级的岸式波浪发电站。

我国海域哪里波能密度最大

我国海岸线漫长，但是波能密度很不均匀。表3-1至表3-6给出从北部湾（白龙尾和涠洲岛）、南海（海南岛东部和硇洲）、东海（北麂）、黄海（连云港）几个代表站的月平均有效波高（Hs）、月平均周期（T）、月最大波高（Hmax）、月最大周期（Tmax）。按照波能计算公式，算得：白龙尾波能0.76千瓦/米，涠洲岛波能0.66千瓦/米，海南岛东部波能6.4千瓦/米，硇洲岛波能2.2千瓦/米，北麂波能4.2千瓦/米，连云港波能0.8千瓦/米，波能密度最高的却在海南岛东部，其次是东海北麂。

表3-1 白龙尾月平均有效波高Hs和周期T、月最大波高H_{max}和周期T_{max}

月	1	2	3	4	5	6	7	8	9	10	11	12	年
Hs（m）	0.5	0.6	0.5	0.6	0.8	1.0	1.0	0.9	0.6	0.6	0.6	0.5	0.7
T（s）	2.8	2.9	3.0	3.2	3.3	3.6	3.7	3.4	3.0	3.0	2.8	2.9	3.1
H_{max}	2.0	1.5	1.6	1.9	2.8	3.6	4.1	3.7	3.5	3.6	2.0	1.7	4.1
T_{max}	6.2	7.1	6.8	7.2	6.4	7.0	8.4	7.0	7.6	7.8	5.2	5.8	8.4

表3-2 涠洲岛月平均有效波高Hs和周期T、月最大波高H_{max}和周期T_{max}

月	1	2	3	4	5	6	7	8	9	10	11	12	年
Hs（m）	0.6	0.5	0.5	0.5	0.8	1.0	1.3	1.0	0.6	0.6	0.6	0.6	0.7
T（s）	2.3	2.3	2.4	2.6	3.0	3.4	3.7	3.1	2.5	2.6	2.5	2.4	2.7
H_{max}	2.0	2.1	2.1	2.9	5.0	4.8	4.6	4.8	4.6	4.6	1.9	2.9	5.0
T_{max}	6.7	7.4	7.7	7.8	8.3	7.7	8.8	7.6	8.1	7.9	5.0	5.8	8.8

表3-3 海南岛东部浮标月平均有效波高Hs和周期T、月最大波高H_{max}和周期T_{max}

月	1	2	3	4	5	6	7	8	9	10	11	12	年
Hs(m)	2.1	1.7	1.5	1.2	1.2	1.4	1.0	1.2	1.1	2.6	2.5	2.0	1.6
T(s)	5.6	5.1	4.9	4.8	4.6	4.6	4.3	4.5	4.7	5.6	5.7	5.6	5.0
H_{max}	6.8	6.8	5.4	6.1	7.2	9.5	5.1	10.1	13.0	12.8	8.2	6.2	13.0
T_{max}	7.1	7.0	7.0	6.9	8.2	8.3	6.5	8.5	8.6	8.9	8.4	8.5	8.9

表3-4 硇洲岛月平均有效波高Hs和周期T、月最大波高H_{max}和周期T_{max}

月	1	2	3	4	5	6	7	8	9	10	11	12	年
Hs(m)	1.4	1.3	1.3	1.0	0.9	0.9	0.9	0.8	1.0	1.4	1.5	1.4	1.1
T(s)	3.9	3.8	3.7	3.5	3.3	3.3	3.3	3.2	3.5	4.0	4.1	4.0	3.6
H_{max}	3.3	3.0	3.2	3.6	4.2	4.6	9.8	7.1	9.0	5.3	8.1	3.1	9.8
T_{max}	7.2	6.9	7.0	8.2	8.2	7.2	10.0	14.3	10.3	11.0	9.6	7.1	14.3

表3-5 北麦月平均有效波高Hs和周期T、月最大波高H_{max}和周期T_{max}

月	1	2	3	4	5	6	7	8	9	10	11	12	年
Hs(m)	1.8	1.0	1.4	1.4	1.1	1.0	1.1	1.0	1.8	1.7	2.0	1.9	1.4
T(s)	4.2	4.4	4.4	4.5	4.4	4.1	3.9	3.8	4.6	4.5	4.6	4.5	4.3
Hmax	4.3	5.2	3.6	4.8	2.9	2.7	5.2	5.6	6.5	3.7	3.6	5.5	6.5
Tmax	8.9	7.7	9.1	9.2	8.2	7.7	10.3	9.4	8.7	8.6	8.9	8.7	10.3

表3-6 连云港月平均有效波高Hs和周期T、月最大波高H_{max}和周期T_{max}

月	1	2	3	4	5	6	7	8	9	10	11	12	年
Hs(m)	0.9	0.9	0.6	0.6	0.6	0.5	0.5	0.8	0.9	0.8	0.9	0.9	0.7
T(s)	3.5	3.6	3.3	3.3	3.0	3.1	3.3	3.5	3.6	3.5	3.5	3.5	3.4
H_{max}	3.6	3.8	4.0	3.1	3.6	2.8	2.6	3.6	5.0	3.6	3.4	3.8	5.0
T_{max}	7.8	6.7	8.1	8.2	7.2	6.7	8.3	7.4	7.7	7.6	6.9	6.7	8.3

海南岛东部水域波浪发电有利条件很多，概括起来有以下几点：

（1）海底平坦，适合上千个波浪发电机联合作业。

（2）海底稳定，不会使放置其上的波浪发电机下陷。根据国外设计，发电机要工作20年以上。发电机下陷，是波浪发电机的灾难。

（3）海南岛东部不是交通要道，也不是养殖主要场所，只有渔船来往，海面波浪浮标阵受到破坏可能性大大减少。

（4）波能最多，发出电能，容易并网。国际上已有的单台发电机的发电能力10~50千瓦，若以安装30千瓦发电机2000台；装机容量是60兆瓦，年发电大约150GWH。其发电量可让普通农民60000户使用。

第十三节　前景光明，问题不少

波浪发电，既不消耗任何矿石燃料，又不产生任何污染。一个牡蛎式波浪发电机发出电力，与常规煤炭发电机组发出同等电力相比，一年可以减少500吨二氧化碳的排放。

波浪是由风产生的，但是风却声名狼藉且变幻无常：时而是上升的，时而又下降；时而可有可无，时而彪悍异常。而海浪却可以保持相对稳定，可以在三天前做出预报。波浪比风的能量更集中，虽然风速可以很高（北方海区最大风速可以达到50米/秒以上），但海浪却比风更有力量。因为水的密度是空气的832倍，而能量是与产生能量的质体密度成正比的。不过风能虽然反复无常，但是风却是一种相对简单的现象，利用与推动飞机的空气动力学相反的原理，只要一些固定旋转的装置，捕获它很容易且能快速完成。也就是说用一个塔支撑着风扇旋转，风扇的轴连接着发电机就可以了。但是波能发电却要复杂得多，面临的环境凶险也更大。

发电装置在岸上

波浪发电主要问题是：大海是严酷而又无情。一个经济的波能发电机必须产生足够效益，而且能经受最大风暴的袭击。因此发电装置放在岸上是解决这个矛盾之一。

其优点是：

（1）感应波能的浮体部分放在岸外水下，水深不大，潜水员容易进行水下作业。感应部分一般比较结实，即使最坏天气、最大浪的作用，也难以构成损坏。

（2）感应波能部分结构简单，没有控制系统、变速箱或者关闭模式，即使损坏，也容易修复。

（3）海上没有复杂的电子设备，水面也没有厂房建筑，受暴风浪破坏机会低。

（4）岸基发电安全，靠近海岸易于管理，在暴风天气也可以运转。

其难点是：

（1）重几百吨浮体运输是有很多困难的：例如，"牡蛎"波能提取装置重200吨，"海蛇"总重量高达700吨，一般装、运工具都很难完成的。

（2）浮体要放入水中、再固定在海底上。在固定时，位置要准确，且要保持水平。

（3）大量海上要泵入感应波能浮体的平衡舱，平衡它的浮力，以便将它连到发电设备上去。这些复杂的操作需要雇用很多技术工人和很贵的设备；例如"牡蛎"就要泵入海水120吨到浮体中。

（4）既要求波能要大，又要求靠近海岸，这样向岸上输送水体的距离才能最短。发电装置在岸上，就要选择合适的厂址。这一切都增加选址的困难。

（5）透平和发电机产生噪声，干扰野生动物生存，也是对环境污染。但是，大部分噪声被风声和浪涛声所掩盖。

（6）设备的安装和运行，会干扰哺乳动物和鱼类生存（如干扰它们之间交通）；感应波能的浮体部分随波摆动，会产生水下噪声和水体的震动。这些噪声可能掩盖自然之音，使海洋生物听力丧失。

（7）多台的波能提取装置联合作业，可能会使一些海洋生物生活习性丧失。

发电装置在海上

其优点是：

（1）选址较容易。因为波能提取装置和发电设备都在海上，对海底和岸滩要求不是太严格。

（2）发出电力用电缆送到岸上，那要比粗大的输水管容易得多，也容易维修得多。

其难点是：

（1）海上发电，更多依赖沉于水面下附加物自然属性、水面上的平台和海底的改变。技术难度更大，维修也更难。

（2）工作流体泄漏，或者偶发事故导致工作流体流出，污染水域。

（3）视觉和噪声影响更大，对生物、生态影响更加明显。渔业代表律师担心，波浪能技术可能会重复20世纪30年代美国西北太平洋沿岸水电发展的老路：由于没有考虑生态网络，水电大坝阻断了数百万鲑鱼回内陆产卵的路线。提倡休闲渔业的"俄勒冈捕鱼者"组织表示，希望波浪能的发展能够放缓步伐，应先观测其影响。

（4）与其他海域使用者冲突更严重。"巨蟒"或是"海蛇"悄无声息地在水下发电时，喜欢在近海游弋和冲浪的人们感到危险。在葡萄牙之前，英国政府也有类似计划，可还未出台，就在英国国内引发了巨大争议。最大的反对者群体来自有50万之众的冲浪爱好者。他们担心，建造海浪能发电站会破坏他们钟爱的海滩。最后环境部门出面作出评估："根据试验，'海蛇'最多能发出些许噪声，对游泳者不会造成听力污染；转动部分缓慢而平稳，海洋动物应该可以很容易地避开它们。但不能干扰航行和雷达，因此必须避开海中航线，而且必须有明显标记。"经过反复折腾，行事保守温吞的英国人，最终错失了将自己人发明的"海蛇"最先投入商用的良机。

（5）腐蚀。对于"海蛇"的接合处以及水力学装置能否在腐蚀性很强的海洋环境下长时间"存活"，英国能源公司休·彼得·凯利表示深深怀疑。

提高波能发电实用化水平

（1）必须提高小波幅的发电输出。

所谓"提高小波幅发电输出"，就是提高单位面积海域上的能量密度。目前只是在波高大于1.3米时才有输出，实际上许多海面的波高，在多数时间里都是低于这个值。

为了利用更小的波能发电，目前已经有了聚集波能的一些技术措施，还将进一步研究共振、时间积累以及收敛渠等聚集波能的方法。还有从发电方式做文章：改进电机的激磁方式，减小透平叶片的面积，变换设计以提高气流速度，以及以现在所采用的二阀门方式代替四阀门方式等。一般地说，由于小波幅出现的概率较大，所以提高小波幅的发电输出，就可以大大提高总发电输出的效率。目前措施有：

①利用波浪的折射、反射以及共振的一些特性，使散布在海域上的波能迅速聚集。例如，挪威出现的强大的波力发电样机，就是利用这种方法实现的。这台样机聚集波涛能量的办法，与摄影机广角镜头聚光机构原理相似，能把10公里范围内汹涌的波涛，集中到不足500米的距离内，造成高达15～20米的浪头。高高浪头进入大型漏斗形槽里，再被压送到100米高度的水库，然后流下来驱动海面的发电装置。

②美国也发展了大功率波力发电装置。这个装置的主要部分是一个直径为75米的圆盖状混凝土漂浮物，其大部分沉在水下，只有小部分出露在水面上。根据其外形，又把它称之为"坝-环礁"。

图3-53 聚能的"坝-环礁"[7、14]

环礁在水下接近海面的部位上，装有呈辐射状的导向翼。操作时，导向翼把平均周期为10秒的波浪导至中央入口，海水被导向翼卷成漩涡后，在高18米的环礁核心结构内部，一边不断增加速度，一边冲到该设置下方，转动涡转机发电。据估计，这样一座环礁发电机发电装置，可发电1000～2000千瓦。

③日本的度部富治提出，让波浪在水室中形成驻波，在驻波的节点处，水质点作往复运动，将波浪能转换成摆轴的动能，与摆轴相连的通常是液压装置，它将摆轴的动能转换成液力泵的动能，再由液压马达带动发电机发电。但是，这项技术至今都停留在实验室试验阶段，还没有进行海上实质性试验，因为如何造出驻波，且保持驻波点固定，至今人们还想不出既经济又可行的方法。加之复杂的水力学结构、费用和风险很高，使不少人望而却步。

（2）尽可能地使波力平滑化，以获得稳定的输出。

波能随时间而变化，除了周期性外，它的平均功率的变化也极大。克服这一困难，同样可采用波浪收敛渠的方法，用聚集波能来解决。这样，实际也就是解决了"设计最优化的问题。

为了克服由于日变化、气候影响、季节和年变化等所带来的波能极大的不稳定性，可以采取波力发电与蓄电池的组合系统，或波力发电，蓄电池与柴油机的组合系统来解决。

（3）向陆上送电系统的电缆是关键之一，当前虽已经过耐久试验，但还不能达满意的程度。

（4）船舶锚碇力的大小直接关系到波能发电装置的利用效率。而锚碇力过大，又会带来经济上的损失。因此，进一步研究出既有一定锚碇力而又经济合理的船舶锚碇力指标，是十分重要的。

（5）发电机大小问题不过就波力发电的经济性来说，目前大都倾向于小型波力发电机。例如，上一个世纪日本和其他国家共拥有近400台60瓦的小型波力发电机，每台约1500美元，使用寿命为15年，年平均输出的发电量为50~100千瓦·小时。这样，每千瓦小时的费用大约相当于1美元，就目前来说，其经济效益不算太高。小型波浪能发电已可与柴油发电机组发电竞争。作为大型波力发电机装置，由于结构庞大，工程投资幅度大增，暂时不可能广泛利用。

是否离岸越远，波能越大

统计学家们在20世纪70年代采用气候观测船和浮标的数据，计算出离开海岸在水深50米处、1米宽水域的波浪所携带的能量大约40千瓦；这比10米水深处波浪所携带的能量密度要高出一倍。自那以后，该行业普遍将目光聚焦于离岸200~10000米深海域的波浪能，认为产生的波浪能越大，越能够弥补能发电所需的高昂维护费用以及将电力回传到大陆所耗费的资金。

然而最近，英国贝尔法斯特女王大学（Queen's University Belfast）的马修·富勒（Matthew Folley）表示，波浪能的利用还可以离大陆更近些。富勒使用世界海洋现代计算机模型，计算出近海不同区域所产生的实际波浪能。他发现距离海岸500米至2公里区域的波浪能所携带的能量，已经达到更远海域可用波浪能的80%~90%。富勒认为可开发能量密度达到每1米宽水域18.5千瓦，而岸边更近距离海域波浪所含的能量密度已经达到每1米宽水域16.5千瓦。

过去深水海域波浪能更大的"真知"主要源于20世纪70年代的海洋数据。

富勒认为那些数据高估了离岸海域的波浪能，在过去计算时，科研人员使用的是在强烈风暴下的数据；而事实上，即使有狂风暴雨，波浪能设备产生的电能也微乎其微，因为在极端条件下设备会调整为自保模式。

此外，先前人们还假设离岸波浪是有主要方向的，就像近岸海域的波浪倾向于朝岸边移动，但富勒表示，波浪趋向岸边主要是浅海海底产生的折射海浪，而这一现象在离岸较远的海域则不会发生。相反，较远海域的波浪来自四面八方，这也就意味着发电场中一些设备采集的波浪会被其他不同方向的波浪抵消，而岸边更近的发电则可以把波浪采集发电设备排成一列，避免出现抵消的情况。

对于该发现，英国爱丁堡大学（University of Edinburgh）的伊恩·布莱登（Ian Bryden）表示，富勒的数据令人信服。他说："许多开发商目前仍钟情于深海水域的波浪能开发，而且似乎不愿改变他们的方向，因为在这方面已经进行了太多投资。"

富勒还强调，现在很少有波浪能采集设备的设计能够安置在离岸不远的水域，因为深海波浪上下激荡，更容易被开发，而浅海波浪蕴藏的能量主要来源于来回的运动。但富勒也表示，已经有一些设备能够适应浅水波浪能采集，比如爱丁堡的海蓝碧绿电力公司（Aquamarine Power）开发的"牡蛎"波浪采集器，以及芬兰AW-能源公司开发的波辊器等就是很好事例。

参考文献

[1] A.F. de O. Falcão, P.A.P. Justino. OWC Wave EnergyDevices with Air-flow Control. Ocean Engineering, 1999, vol. 26, p.1249-73

[2] A.J.N.A. Sarmento, L.M.C. Gato, A.F. de O. alcão. Turbine-controlled wave energy absorption byoscillating-water-column devices. Ocean

[3]Annette von Jouanne Ph.D., P.E., Ted Brekken, Ph.D. Overview of Wave Energy Activities at Oregon State University. eecs.engr.oregonstate.edu

[4] Bent SØrenfen. Renewable Energy. Elsevier Academic Press, 2004 Edition.

[5] B. Weedy and B. Cory. Electric Power Systems.Wiley, Fourth Edition, London 1998.

[6]Cornett A.M.A global wave energy resourse Assessment.in: Proceedings of the Eighteenth (2008) International Society of Offshore and Polar Engineers, Vancouver, B, C, Canada, 6-11 July 2008

[7]Dr Laurence Mann The Carnegie Wave Energy CETO Wave Power, 2009

[8]Hegerman G.Wve power..In Encyclopaedia Tecnology and the Enviroment (eds A.Bisio&S.G Boots) , 2859-2907JohnWiley &Sons Inc.1995

[9] Herbich, John B. (2000). Handbook of coastal engineering. McGraw-Hill Professional. p. A.117, Eq. (12)

[10] Future Marine Energy. Results of the Marine Energy Challenge: Cost competitiveness and

growth of wave and tidal stream energy. www.thecarbontrust.co.uk,2005

[11]Jenny Hayward and Peter Osman. The potential of wave energy.March 2011 http://en.wikipedia.org

[12]Leão Rodrigues. Wave power conversion systems for electrical energy production. Department of Electrical Engineering Faculty of Science and Technology Nova University of Lisbon (www.icrepq.com/icrepq-08/380-leao.pdf)

[13]Thomas W.Thorpe.An Overview of wave Energy Technology:Status,performance and cost. Proceeding of a conference of Wave Power:Moving towards Commercial Viability,30,November,1999,Institute of Mechanical Engineers,London

[14]The Viability of Wave Energy homework.uoregon.edu/pub/class/350/waves.ppt

[15] The Pelamic Wave Power Converter http://hydropower.inel.gov/hydrokinetic_wave/pdfs/day1/09_heavesurge_wave_devices.pdf

[16]任建莉,钟英杰,张叠梅,徐璋.海洋波能发电的现状与前景[J].浙江工业大学学报,2006, Vol.34 No.1,69-73

[17]崔清晨,陈万青,侍茂崇,林振宏.海洋资源[M].商务印刷馆(北京),1981

[18]王传昆.我国海能资源开发现状和战略目标及对策[J].动力工程,1997年,05期

[19] 余志, 蒋念东, 游亚戈. 大万山岸式振荡水柱波力电站的输出功率[J]. 海洋工程, 1996, 14(2): 77-82.

[20] 游亚戈. 国内外波能装置介绍[EB/OL]. http://www.newenergy.org.cn/energy/ocean/read.asp?id=328. 2003—11-12

[21] "十五"国家高技术发展计划能源技术领域专家委员会.能源发展战略研究[M].化学工业出版社(北京),2004,245—249

[22]http://interestingengineering.com/pelamis-wave-power/ -pelamis wave power

第四章

气蒸云梦泽，冰心在玉壶
——浅谈温差发电

前面潮汐、海浪、海流发电，都是动能和势能的转化；而温差发电，则是热能在起作用，是热能将液态变成气态，再将气态变成液态的反复过程。海洋表面水温高达28℃以上，是某些流体变成气态的最佳热源；500米深处水温只有5℃，是某些流体重新凝结的最佳温度。

1927年，在非洲的马斯河边出现了一座奇怪的电站：它没有高耸的烟囱和供燃烧的大量煤、碳。世界第一座温差发电诞生了！

第一节 克劳德的"魔术"实验

水可以使电灯亮起来

1926年11月15日，在法兰西科学院的大厅里，座无虚席，全部的目光都集中到试验台中那两个烧瓶和连着一圈电线的小灯泡上，如图4-1所示。在图中右边的烧瓶里，加入28℃的温水（相当于海中表层水温）；左边的烧瓶里放入冰块，并保持在0℃左右。当克劳德打开抽气机抽出右边烧瓶中的空气时，一瞬间，3个小灯泡同时发出耀眼的光芒，顿时引起了全场观众的赞叹和欢呼。有人当场称这个试验为克劳德的"魔术装置"。

那么这个"魔术装置"到底为什么能发电呢？关键就在抽气机上面。当克劳德用真空泵将烧瓶内的空气抽出，使烧瓶内压力只有大气压力的1/25时，温水就变得沸腾起来。原来，在正常的大气压下（1个大气压力）水的沸点是

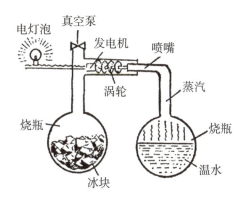

G.克劳德[7]

图4-1 克劳德实验

100℃，而当气压降低时，水的沸点也随之下降。实验证明，当水的压力只有大气压力的1/25时，水的沸点为28℃。水沸腾后迅速变为蒸汽，从喷嘴喷出来的高速蒸汽流推动着透平转动（大约是5000转/分），透平又带动发电机，从而发出电来。蒸汽通过透平到达左边瓶子之后，由于瓶内冰块温度始终保持零度，水汽到这里遇冷就凝结成水，所以始终保持着低压，右边瓶中的水也就可以不断气化。这个试验一直持续了8分钟之后，由于右边烧瓶内水的不断沸腾气化，带走热量，使水温逐渐降低。当温度降低到18℃，水就不再沸腾了。没有蒸汽推动透平旋转，小灯泡才渐渐暗淡下来：这个试验虽纯属"玩具"性质，但却在人们的面前，展现出利用海洋热能的广阔前景。

若问此中深浅，天高浮云远

由于海洋的面积广阔，太阳辐射到地球上的辐射能大部分为海水所吸收。海洋是世界上最大的太阳能收集器，平均每平方米收集热量492瓦（图4-2）。

海洋面积3.62×1014平方米，那么每年从太阳辐射中吸收的能量6.4×10^{17}千瓦·时。相当于1990年全世界发电量53000倍，2005年全世界发电量36000倍。当然，这些热量未加利用，最终又以湍流、蒸发和长波辐射回到太空。

据计算，每平方公里海水聚集的热量相当7000多桶石油。海水不仅蕴藏着丰富的热量，而热量的储存又维持相当长的时间。因而，一些海洋工作者曾经设想，要是能使海水温度在人工控制下降低，把它的内能转变为有用的功，去开动机器，然后将机械能转变为电能，那样将会产生什么结果呢？经过简单

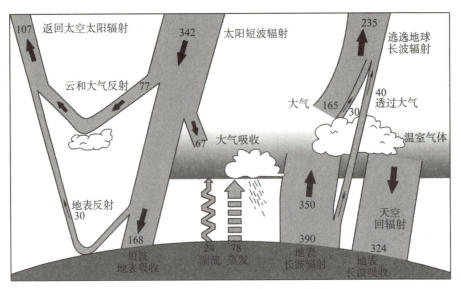

图4-2 地球全年热收支（单位：w/m²）[14]

的计算，结论是惊人的：如果一部机器1秒钟吸进1吨水，温度自动降低20℃，它所释放出来的热量以4%～6%的效率变成电能，就可以发出3000千瓦的电力来。这是多么诱人的前景啊！可是，要用人工方法去开动电机使海水温度降低，就像冰箱里的冷冻设备一样，那肯定是得不偿失的。而唯一的办法，就是利用天然冷源去冷却较热的海水。

最初有人提出用赤道附近的暖和的表层海水作为热源，用极地海水作为冷源，使海水冷却发电：热带西太平洋及印度洋东部多年平均海表温度在28℃以上，中心温度超过29℃，是全球海洋最热的区域（如图4-3），又称为大洋暖池（Warm Pool）。它的总面积约占热带海洋面积的的26.2%，占全球海洋面积的11.7%，东西跨越150个经度，南北伸展约35个纬度。西太平洋暖池比东太

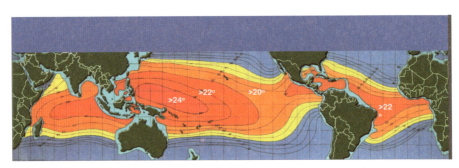

图4-3 大洋暖池[10]

平洋海面高出3℃～9℃，暖水深达60米～100米。这里是全球热带风暴、台风形成最多的地区。

然而，按照这样的设想，必然要耗费巨资去敷设上万公里的管道，抽水的动力也将大得不堪设想，更不用说在海水输送过程中的热量损失了。因此，这种设想曾被称为科学中的幻想。要解决冷水源的问题，还得从水温的垂直分布中去找答案。

正如海洋专业书籍所介绍的那样，射到海面上的太阳能，在海面上层就被迅速地吸收，只能通过混合形式传向下层。但是这种传递非常缓慢。打个比方：如果你要烧一锅凉水使之沸腾，从锅底点燃柴草，很快就能将水烧开；但是，如果你从锅上面对水加热，那这个锅中水只热了表层，下面总是凉的。太阳对海水加热，就像从锅上面烧水一样。因此海洋深层的水温变化，比起表层来说显然要低得多。即使地球上大洋海水形成历经若干亿年，太阳从上面不断加热海水，也没有将深层水"烧"的和表层一样。到现在为止，在低纬海域大洋水下1000米深处的水温，基本变化在4℃～5℃之间，形成巨大温度差（图4-4），而在3000米深处的水温则终年处在1℃～2℃附近。

如果把赤道附近的表层海水作为热源，2000米左右的底层海水作为冷源，上下层温差可达26℃以上，那就完全可以用作温差发电。若按照前面的计算方

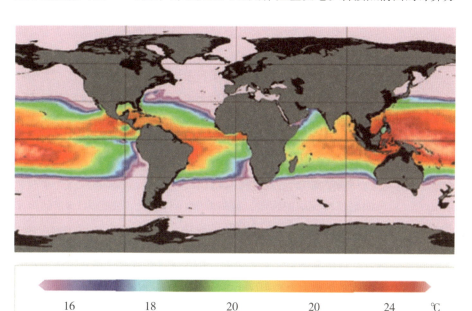

图4-4 世界大洋20米和1000米之间温度差[13]

法，我们只要把赤道海域宽10公里、厚10米的海水冷却到冷源温度，所发出的电力就足够全世界一年之用。这是多么巨大的资源！可是有了热源和冷源，还只是具备了做功的动力条件，就像是河流中有了水位差，可以用来发电一样。如何实现能量转移并使之发出电来，这里还有许多技术问题。

最早提出温差发电方案的是法国科学家J.德尔松瓦，他认为，以亚硫酸气体为工作流体进行温差发电，可以取得巨大的能量。但是，第一个用实验证明海水温差可以进行发电的，则是他的两名学生法国科学家G.克劳德和P.布射罗。前者"魔术"实验就是克劳德秉承师意，独立构建出来的。

第二节　如何将温差变成电能

选择能量传递流体

若以工作流体来划分，温差发电可以分成用水蒸气作为工作流体和以某些低沸点气体作为工作流体的两种形式。

用水蒸气作为工作流体

这种装置可以称为温差发电的初级形式。由于克劳德的实验成功，人们对水蒸气作为工作流体满怀信心，而克劳德本人就是这种方法最积极的实施者。他先在马斯河边搞了第一个试验，摸索了经验，同时又在比利时的乌左利马利埃钢厂进行实验，取得54.9千瓦的输出。基于上述实验成功，克劳德充满了信心，决定把实验装置转移到海洋上来。1929—1930年期间，克劳德把温差发电装置建在古巴的马汤萨斯湾上，这里的表面水温是28℃，而400米深处水温只有10℃。要想取得这样深层的冷水，就得敷设1850米长、直径为1.8米的冷水取水管道，并且尽可能地把管子放在坚硬的底质上。

然而，科学的道路是崎岖不平的。克劳德这一试验所遇到的困难，就是出在这将近两千米长的粗管道上。他先将管子用拖轮拖到外海，可是中途发生了事故。经过多次反复，最后虽然把管子放到了预定的深度，并且发出了22千瓦的电力，在装置建成两个星期以后，由于海面上刮起了强烈的风暴，巨大的海浪把他设置的管道全部破坏了。实践使他认识到，用长长的管子通到海底去的做法是行不通的。

1934年，这位孜孜不倦的研究者终于搞出了一个新的设计。他把这个设计叫做"突尼斯"号浮标式温差发电站。并且企图以此发出800千瓦的电能来。这个电站的发电机械部分安装在一条旧驳船"突尼斯"号上，驳船又用锚固定在巴西外海波拉集里岸边。抽取冷水的管子不是水平地躺在海底，而是垂直地站在海中。它的上端是一个浮动的浮标，下端系着重物以保持管子的垂直。这个浮标的浮力要满足这样的条件：当浮标在工作状态时，它应该位于20米以下的深度处，周围的波浪作用不能强烈；而在安装管子时，它要浮在海面，作为安装平台来使用。驳船上的电器设备和浮标之间还得用管子连接，悬结在20米以下的海水中。

克劳德这次试验的基本思想，就是要避免波涛汹涌的海浪的影响。遗憾的是，悬在海中的管子仍然受到海浪的冲击而摇来摆去，最后终于断裂开来。极度失望的克劳德，一气之下，把"突尼斯"号和整个设备一起沉到了海底。

为了摆脱海浪的干扰，后来克劳德又想到干脆在海底挖出一条隧道，把管子放在隧道里。由于水下压力太大，隧道又随时都有崩塌的危险，没有任何一个工程队敢于包揽这项工程，因而这次计划又无法实现。克劳德的种种努力都未能得到理想的结果。

直到第二次世界大战期间，法国因电力供应严重不足而想起了克劳德的一系列试验。1948年，法国海洋能源利用计划中，准备建设一个以发电7000千瓦、且吸水14000吨为目标的海洋温差发电站。按照这个计划，不仅可以发电，还可以开发溶解在海水中的资源和进行海水淡化试验，计划每天制取淡水4000吨。1948年，法国在大西洋非洲岸边的"象牙海岸"（今科特迪瓦）首都阿比让附近开始了这项工程的建设。所以选择这里，是因为阿比让在北纬6°附近，大洋表面水温高，并且终年大体不变。此外，海岸非常靠近大洋的深水区，缩短冷水管道运输距离，以降低电站的设备成本。

这个发电站的热源是阿比让附近的一个浅水湾，那里，水温可以达到25℃～28℃，而离岸4公里处，就是一个深度超过350米的"深渊"，此处水温只有8℃～10℃。工程人员吸取了前人与波浪斗争失败的教训，首先在管子的结构上狠下工夫。安装硬式管路系统是不行的，它不能适应坎坷不平的海底地形，管子不落实地，在波浪和潮流的作用下，不可避免地要发生扭曲、晃动，最后断裂开来；若要完全换成软式橡胶管，价格昂贵，太不经济。最后确定以硬式管路系统为主，在两根管子之间用橡胶套管连接起来。每根管子长50米，直径2.5米，管壁厚度只有3毫米，管外再敷以3毫米绝缘物质，防止冷水因受外界影响而升高温度。这样就成功地把管子安放在稍平的海底上。此外，他们制作了两个圆柱形的浮标，每个浮标的直径1.6米，高9米，上平下圆。两个浮标彼此连在一起，绝大部分没入水中，同时还可作为安装平台之用。就这样，克服了一个个困难，阿比让温差发电站终于建立起来了（图4-5）。

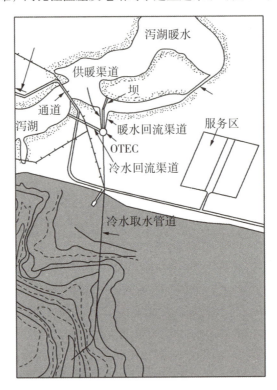

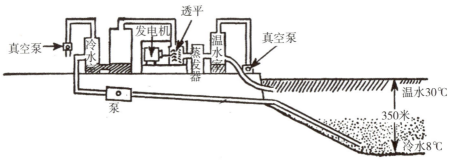

图4-5　阿比让（6°N，4°W）温差发电

阿比让发电装置的工作原理与克劳德试验完全一样：温水进入蒸发室之后，在低压下海水沸腾变为蒸汽，推动透平旋转。透平启动交流电机发电，用

过的废蒸汽进入冷凝室凝结，而用于凝结的冷水则是由抽水机从深海中抽上来的。两个透平发电机的设计功率为7000千瓦，年发电量为5×10^7千瓦·小时（年工作时间以7000小时计）。虽然这个装置的有效利用率不大，但是如果考虑到综合利用，则可以相应地增加它的经济效益。例如，阿比让电站每年可以获取2000吨廉价的食盐和其他有用的物质（如镁、钾、溴）以及淡水，甚至还可以组织冷冻冰的生产。

后来有些人提出：为了减少温差电站的区域性限制，扩大其使用范围，可以在表面水温不高的地区，增加一些辅助设备，例如在浅海湾或人工湖上覆盖油膜，借以减少水分的蒸发，提高温度；或者用塑料薄膜及特制玻璃造成人工温室，阻碍水面的长波辐射，以提高海水的温度等等。这些意见也都有一些实践成功的例子。

用低沸点物质作为工作流体

自阿比让温差发电站建成以后，在一般人的眼里，温差发电的技术问题似乎已经基本解决。其实不然，美、英等国的许多科学家曾激烈地批判这种形式，他们认为以水蒸气作为工作流体是温差发电的致命弱点。其主要根据是：

（1）在低温、低压下，尽管水可以"沸腾"，变为蒸汽，但它的密度毕竟太低，单位体积内蒸汽所具有的动能就很少。

（2）蒸发器与冷凝器之间能够利用的压力差，只有一个大气压力的3%～4%，因此，在蒸汽的流路上压力损失必须相当小，否则，它的微小压力差一旦消失，透平就不能做功。基于这种情况，流路的直径要加大，流速要减小，透平也要大型化，这样建设费用就会大得惊人，经济效益极低。

（3）从海洋深处吸取冷却水，要装配很长的导管，如果把发电厂建在陆地上，取水管也不能高出波浪破坏力相当大的海面，这就使得施工大大复杂化了。据初步计算，在输出功率为35000千瓦的情况下，导管直径约为7.5米。只有设置这样的导管才能忍受住恶劣的天气，如果再考虑到减少摩擦的话，管子直径还要加大，这样一来，其经费损耗就十分可观。

（4）发出来的电，有1/4～1/3将消耗于自身的工作上，如泵水，排气等，使实际对外输出大大地小于设计能力。

（5）用过的海水排出后，对周围海域可能会产生一些不良的影响，如改变海水的温度、盐度、密度等分布，改变潮流的方向，甚至会使海洋生态系统发生变化等。

针对上述问题，经过科学家们不断地摸索和实践，在温差发电中又有了许多新的突破。

1966年，美国的安德逊父子共同提出以丙烷作为蒸发气体的发电装置，比利用低压水蒸气发电，有更高的效率。因为丙烷的沸点与水不同：水在一个大气压下沸点是100℃，而丙烷则是-42.17℃。使用丙烷做介质，用25℃的海水加热即可以迅速蒸发，而不需要去人为地制造低压，以及为保持这个低压而增设一些附加设备。蒸发的蒸汽通过管道推动涡轮发电，其蒸汽密度比同温度下的水蒸气大4倍。用过的丙烷介质蒸汽进入冷凝器，被海洋的深层冷水冷却后，又可经过液体加压器使其在高压下变为液态（而不是把它降到-42.17℃进行液化）。然后再通过高压介质管道送回蒸发器，继续循环使用。从经济与污染角度来看，它都远比火力发电和原子能发电更为有利。

目前，除去利用丙烷作为蒸发介质之外，有些学者还提出其他12种物质，但普遍认为最合适的是氨、丁烷和氟利昂等一些制冷剂，这些东西也都是低沸点的。如氟利昂中，二氟二氯甲烷的沸点是-29.8℃，三氟一氯甲烷的沸点是-40.80℃，氟气的沸点是-188℃，而氨的沸点是-33.5℃。但是要判断究竟哪一种物质作为蒸发介质最合适，仅仅从沸点上去比较是不全面的。甚至根据温差发电的输出规模和系统组成等的设计条件，其评价也各不相同。如从流量要少这点出发，氨、丙烷和丁烷等作介质比较有利；若从实用规模的发电设备考虑，对于能输出10万千瓦（每台透平能承担25000千瓦的输出，每分钟转数为1800转）的温差发电站来说，氟、丙烷和氨都可以；如果根据海洋温差发电中最重要的部分——热交换器的设计来要求，可以认为氨又是最合适的。因此，综合各种条件和各项要求，用氨作蒸发介质是比较理想的。

为了克服传输管道太长的困难，安德逊也曾提出把发电装置全部系留在海面下适当的深度，这样就不必担心冷却用水的管道会遭到波浪和风暴的破坏。

封闭还是开放

封闭式循环发电

封闭式循环，就是将工作流体全部封闭、不能流失的一种持续发电方式。例如，利用暖海水和热交换器加热氨（或氟利昂），用氨蒸汽推动涡轮机发电机发电，因为氨在33℃就可沸腾。在另一个热交换器中冷海水使氨再变成液体，再用泵打入蒸发器蒸发，再推动涡轮机旋转。重复工作，不休不止。但是，整个工作流程中，氨被严格封闭，不能泄露。否则发电工作停止，环保部门还控告你污染环境！工作原理如图4-6所示。在海洋上安装则如图4-7所示。

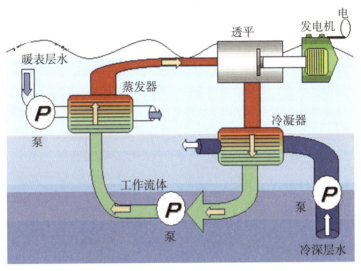

图4-6　封闭式温差发电原理示意

图4-7　封闭式海上设置示意图[6]

采用封闭式循环，可建立大型温差发电（OTEC）电厂，理论发电可达100兆瓦。但是，不能产生饮用水，实乃美中不足。

用丙烷等物质代替水蒸气，给发电设备小型化提供了有利的前提。海洋温差发电实用化（小型化）成功与否的关键在于热交换器，也就是蒸发器和凝缩器，它们占整个费用的30%～57%。目前美国对封闭式循环系统研究着重于热交换器—蒸发器和冷凝器。以往热交换器都是由抗腐蚀性强的钛制造，造价昂贵。美国国家实验室，不久前采用新的塑钢材料，试验表明可以使用30年，成本只有钛交换器30%左右。表4-1中给出日本封闭式温差发电主要技术指标。

表4-1 输出10万千瓦发电装备的主要技术指标

名　　称	主要技术指标
实际发电量	100.000千瓦
净输出量	73940千瓦
工作流体	氨气
高温水的温度（取自表层）	28℃
冷却水的温度（取自水深500米处）	7℃
高温水进水量	9.88×10^8公斤/小时
冷却水进水量	1.01×10^9公斤/小时
遗平（轴流式）台数	4台
透平输出	25000千瓦
蒸发器台数	16台
蒸发器尺寸	长26米，直径7.5米
凝缩器台数	16台
凝缩器尺寸	长31.5米，直径7米
水泵（温水、冷水、氨）	各8台
船型装备构造体大小	长240米，宽110米，深35米
船型装备构造体满载吃水深度	21米
船型装备构造体满载排水量	40万吨
船型装备构造体结构	主体浮游型，钢结构
取水管	钢制，管径14米，垂直安装
定位法	用推力保持动的位置
建设单价	78.0万日元/千瓦
发电单价	11.75日元/千瓦·小时

开放式循环发电

是海水在低压下（甚至真空）变成蒸汽，驱动涡轮机—发电机发电。然后用深层冷海水将蒸汽冷却，变成淡水，送入贮水池中供灌溉和饮用（图4-8）。

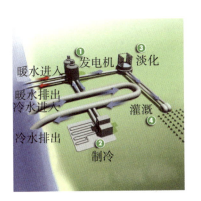
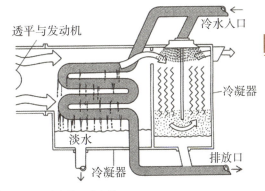

图4-8　放在陆地上开放式循环发电[6]

开放式温差发电也有很多优点：

（1）用海水作为工作流体，从而消除了氨水、氟利昂等有害流体对海洋环境的污染；

（2）在真空室内直接蒸发，比封闭式循环的热交换器造价低而且效率高。可以用廉价的塑料制造的管道和部件；

（3）被腐蚀和淤塞的危险性较小；

（4）可以获得淡水。

缺点是：蒸气和压力较低，需要特别大型涡轮机，而且要安装在保持真空的密封壳内。

美国佛罗里达州太阳能研究所用4年时间设计了一个发电能力为165千瓦的开放式发电装置，如果成功，可以开发出5000～15000千瓦的发电站。1000千瓦的海洋温差发电，一天可产生1.6万瓶纯净淡水。

新材料带来新思考

热发电方式

它与上述两种方法截然不同。它不使用汽轮机和发电机的直接形式。其发电原理是：利用两种导体接点之间存在温差情况下会产生电动势的塞贝克效应。以往由于电动势小、效率低等原因，仅仅局限于仪器检测领域内使用。但是近年来半导体与化合物领域不断研制成功许多新颖的热电材料，因而逐渐被用作人造卫星、微波中继以及军事方面等特殊用途的动力源。这种热力发电有如下优点：

（1）由于不存在活动的设备部件，容易维修保养，运转可靠性高；

（2）不使用氨或氟利昂之类的工作介质，因此安全可靠。

但是，唯一缺点是能力转换效率低。现在还不到实用阶段。

利用相变物质，制造永动"机器人"

2010年4月，美国国家航天局（NASA）推出了一款远洋"永动"机器人。学名缩写为SOLO-TREC（Sounding OceanographicLagrangrian Observer（SOLO）-Thermal Recharging Electric conversion（TREC））。这是首款完全使用可持续能源的机器。这个项目经过了5年的研发，现在终于问世。

它实际上是一个充满蜡（精确地说，这种蜡是特殊相变物质）的浮标，从周围的温度差中吸取能量。自从2009年11月以来，每天可以"不知疲倦"地在夏威夷西部海岸附近下潜三四次，深度可达500米。它在从冰冷的海底升到温暖的海面的过程中吸收热能。它的一些油管外面是装着两种蜡的舱室。温度超过10℃，这些蜡就从固体变成液体，膨胀出13%的多余体积。温度低于10℃时，就会收缩。这种膨胀/收缩制造出高压油，被收集起来之后定期释放，驱动液压发动机产生电量，并为电池供电。产生的能量足以保证它的下潜和上升，还能保持自身传感器、GPS接收装置和通信设备等的运转。它较少受到易变天气等不利因素的影响，可以帮助科学家收集盐分、洋流等海洋信息。不久，NASA将批量生产这种无人潜水装置。

热量能无限转化

利用温度差发电，其能量转换效率我们可以用Carnot因子来计算：

$$W = \frac{T-T_0}{T} \times Q$$

W—是可以做的功（能量）；T—是表层水温；T_0—是底层水温；Q—是热量。假定表层水温是27℃，底层水温是4℃，于是

$$W = \frac{(273+27)-(273+4)}{(273+27)} \times Q = \frac{23}{300} \times Q = 7.7Q$$

由此可见，其理论上转换效率只有7%~8%。但是，实际只有1.5%左右。许多国家都在努力提高热能转换效率，降低材料费用，减低维修成本，使温差发电能和常规发电进行竞争。1999年，美国建立的250kW温差发电机组，其热效率已经接近理论值。

第三节　国外温差发电现状

海洋温差发电（OTEC）技术，其能量转换率可以达到3%~5%。据日本佐贺大学海洋研究中心研究人员介绍，位于北纬40°和南纬40°之间的约100个国家都可以利用这项技术。

但是，利用海洋温差发电，自1948年阿比让温差电站建立以来，进展一直缓慢，只是在最近10年才稍有起色。然而受种种条件的限制，至今仍未普遍实用化。目前世界各国主要集中研究的内容，是发电装置的有关技术问题，如发电系统的运转，热交换器的改进，海上构造物及冷水取水管，以及选择优良发电地点的条件和环境保护等问题。一些国家已经在某些方面有所突破，取得了一定的成绩。

日本从1974年就将OTEC的可行性研究列入"阳光计划"中，以后又作为"加速促进计划"中内容，1981年日本东京电力公司和东芝公司在瑙鲁建成世界上第一座设在岸上封闭式温差发电站，持续发电时间一年，发电能力35千瓦（也有说100千瓦）。随后，1990年又在鹿儿岛建立一座1000千瓦级同类电站。鹿儿岛站采用370米深处海水，水温15℃，再用柴油发电的余热将表层水温加热到40℃。日本人上原1994年建立了OTEC技术中具有最高效的"上原循环"系统。佐贺大学海洋能源中心2003年建成新的试验点——伊万里附属设施，利用30万千瓦发电装置对"上原循环"系统进行实证性试验。其目的在于经过1000千瓦试验，接着进行10000千瓦试验，最后向10万千瓦方向发展。日本已开始试验使用沸点低的氨或氟等液体作为温差发电的介质。该试验表明，当海水温度大于18℃时即可利用其发电。对于日本南部海域来说，表层与500~600米深层的海水温差在20℃左右，这样，即使在冬季也是可以利用温差来发电的。

现在日本又在冲绳岛附近一个小岛上进行1000千瓦发电试验，其试验参数如下：

（1）热交换器尽量小型化。介质采用性能良好的氟利昂R_{22}。

（2）深水管道采用施工性能良好的硬质聚乙烯，管径70厘米，钢制冷水管静态分析要求表层至200米处壁厚30毫米；200~800米处壁厚20毫米，静态分析的最大弯曲应力$67.6×10^6$牛顿/平方米，动态分析的最大弯曲应力$126.0×10^6$牛顿/平方米（钢管最大允许应力$137.0×10^6$牛顿/平方米）。为了保温，在表层至400米处管道两侧包上2.5毫米厚聚乙烯材料，400~800米处不包。这样工序，可以使冷水温度在输运过程中减少0.39℃提升。平台设计系留力为$1.96×10^8$牛顿。

法国在南太平洋上塔希提岛、荷兰在印度尼西亚的巴厘岛建造封闭式循环温差发电，英国则计划建造一座能在海上漂流的温差发电。菲律宾和牙买加也在做类似试验。

由于OTEC技术转换效率只有3%~5%，比火力发电的40%低得多。如果一台发电设备输出功率不到10000千瓦，那么每千瓦小时的发电成本就很难和其他发电方式竞争。因此，联合国2004年提出要求，各个国家之间展开密切合作，以便降低发电成本，在全球普及OTEC技术。

在美国，海洋温差发电的开发计划，自1972年期，开始建立专门性的能源开发组织。1975年1月19日设置能源研究发展委员会之后，国家科学基金会的有关工作并入其中。此后，利用温差发电得到了更快的发展，并多次召开海洋温差发电座谈会，讨论改进意见。美国提出的开发目标，1979年美国在夏威夷一艘驳船上建成世界上第一座100千瓦温差发电站。现在从事于海洋温差发电研究工作的公司已相当广泛，其中主要的有卡内基—麦伦大学、马萨诸塞大学、TRW公司、SSP公司、洛克希德公司，约翰·霍普金斯大学应用物理研究室等。图4-9就是由TRW公司提出的温差发电设想图。

TRW公司研究的温差发电装备，是依据热带海区进行设计的，净输出为10万千瓦。它是漂浮在海面上的一个圆柱形船壳，船壳内部装设着四组2.5万千瓦的模式发电装置。船壳的结构为钢筋混凝土。冷水管长1220米，直径为15.2米。

为了加速对温差发电的研究，美国还于1976年在夏威夷岛的Ke.ahole飞机场的海岸上，建立了一个海洋热能转换（海洋温差）研究所。这里环境优越，比世界其他海岸更接近于深海海底。在离岸1200米左右，约370米的深层即可获得10℃的冷水，而在770米的深层已可取得5℃的冷水。至于海水表层温度，冬季为24℃，夏季为28℃，全年都可使用。因此，这里可以说是利用温差发电最适宜的地点。

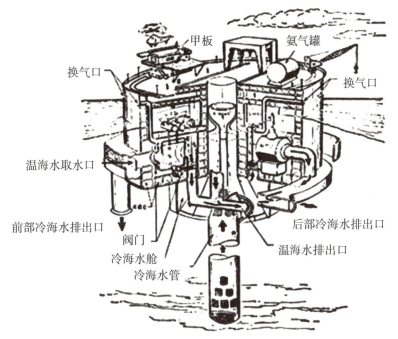

图4-9 TRW公司温差发电设想

1978年9月,夏威夷州政府和两家公司共同发表了海洋温差发电的"MINI—OTEC"计划,于1979年5月29日建成了"MINI—OTEC"装置(图4-10),并于同年8月2日成功地获得净输出为9~11千瓦的电力(原设计50千瓦)。

后来,美国国家能源研究开发局又委托洛克希德公司,设计10兆瓦级的大型温差发电实验厂,全部工程在1985年完成(图4-11)。

发电站基本参数如图4-12所示。

曾经一度落后的法国,现在对温差发电也极为关注。目前,法国全国海洋开发中心,正在设计一座发电能力为3000千瓦的海水温差发电平台,地点设在塔希提岛附近海域。他们的设想是:在海面建造一个漂浮的巨型平台,平台上有水管插入到700米深的海水中,以每秒500立方米的速度把深层低温水吸上来。按设计,大致可获得相当于一座装机容量为10万千瓦的发电站所发出的电能,而通过海底电缆把电力输往沿海各地。

为了使整套发电装备能够安全可靠地运转,并提高其经济效益,目前各国在研究、实验阶段,都对巨大的海上构造物的主体工程建造,拖曳时的适航性,位置的保持、布放,操作与维修,系泊方式,冷水管的结构与材料,送电

图4-10 夏威夷由Lockheed Martin设计的Mini-OTEC系统[9]

图4-11 珍珠港由Lockheed Martin设计的10MW实验电站[9、13]

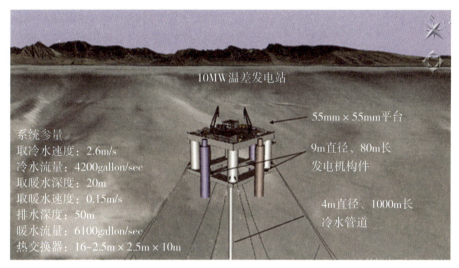

图4-12 发电站设计的基本参数

电缆以及露在水面上的那一段电缆的疲劳损伤等问题进行全面的考虑。尤其是蒸发器与凝缩器的设计与制造更为重要，因为这项费用几乎占温差发电装备全部投资的1/3～1/2。至于海上构造物，曾设想过采用T潜水形、浮游圆盘型及潜水圆筒形等多种类型，后来又出现了采用竖立船的原理而设计的望远镜式。还有人设计出新型的海水温差发电装置，是把海水引入太阳能加温池，把海水加热到45℃～60℃，有时可高达90℃，然后再把温水引进保持真空的汽锅蒸发进行发电。

至于深层冷水取水深度，也不断加深，从1978年的400米，到2003年的2200米，最近已经到2400米（图4-13）。

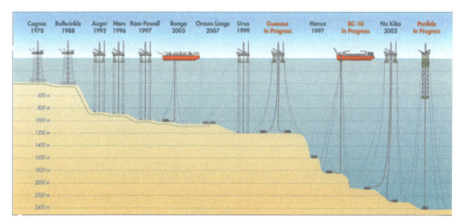

图4-13 深海取冷水的深度变化

第四节 我国利用温差能的诱人前景

南海诸岛利用温差发电的潜在商机

我国有漫长的海岸线，特别是热带的南海有众多岛屿，这些岛屿缺水、缺电，利用温差发电，具有主要意义。其中西沙群岛发展温差发电是当务之急。

西沙群岛（图4-14）位于南海中部，海南岛东南方，距离海南岛榆林港337公里。其海岛地理位置在15°46′49″N（中建岛）～16°58′56″N（赵述岛）、111°11′40″E（中建岛）～112°44′22″E（东岛）之间。112°E以东有宣德群岛、东岛、高尖石等14个海岛，112°E以西有永乐群岛、盘石屿、中建岛等18个海岛。最大的是永兴岛，也是海军舰艇部队的重要基地。总面积7.59平方公里，滩涂面积72.57平方公里，除去驻军外，还有5个居民点，总人口3100多人，还未计算捕鱼季节上岛避风、补给和捕捉海产品的人。

具有码头岛屿9个，其中永兴岛有2个5000吨级泊位码头，深航岛有1个5000吨级泊位码头，其他皆为停靠登陆艇及渔船的小码头。军用机场一个。从开发前景上看，永兴岛西北和东北部，都可以再开出5000～10000吨级港口3个，起降波音747大型机场一个。现已批为海南省三沙市，上有市府办公地点。

西沙群岛是名副其实的宝岛：

（1）生物种类浩繁，有鱼类、贝类、海参类、海龟、藻类、蟹类、龙虾、乌贼等；生态类型多样；群体多，分布广；外海鱼类个体大、年龄高，资源丰富。

（2）自然景观美。岛内植物种类繁多，野生的148种，人工种植的椰子树已绿树成荫。岛屿周围为浅海礁盘，石斑鱼、贝类等清晰可见，可供旅游者下海拣拾、垂钓和潜泳。

（3）人文景观好。有1946年建立的"收复西沙群岛纪念"石碑，1990年中央军委建的"海南诸岛地形图碑"，海洋博物馆、珊瑚石庙、烈士纪念碑，明清以来各种出土文物等。

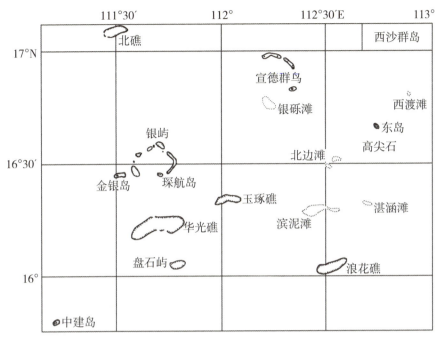

图 4-14 西沙群岛组成

（4）西沙群岛是我国海防前哨，是连接太平洋和印度洋、亚洲和大洋洲之间的海上通道，是连接我国和东南亚各国的交通纽带，地理位置十分重要。

但是，西沙群岛开发却远落后于形势：西沙群岛与海南岛之间只有两只客货两用船，最大不超过2000吨。船上设备简单，一旦遇上大风，难以开航。每月只有3~4航次。电力全靠小柴油发电机发电，每天只有晚上几个小时发电。西沙群岛上饮用淡水，少部分是当地雨水，大部分则来自海南岛输运的客水。

因此，解决西沙群岛的电力是当务之急。其中最有前途的当数温差发电。这是因为：西沙群岛地处热带16°N~17°N之间，海水表面年平均温度为27.5℃，而相距陆地几百米处的水深就达600米，这里水温降至7℃以下，考虑到西沙海域面积50万平方公里，则蕴藏的温差能达50亿千瓦，温差能十分巨大，且低温水距离海岸很近，垂直取水或海底管道取水送到岸上都很方便。

广厚的黄海冷水团有巨大的利用前景

什么是黄海冷水团

夏季在黄海底层存在一范围广阔的低温、高盐水体，此即黄海冷水团（图

4-15）。该水团占有体积约$5×10^{12}$立方米。

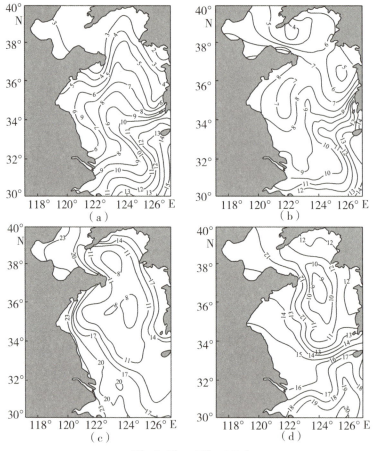

a.2月，b.4月，c.7月，d.11月

图4-15　黄海底层温度分布（取自于非等2006）

　　黄海冷水团是一个温差大、盐差小，而以低温为其主要特征的水体。这一冷水实际上是冬季时残留在海底洼地中的黄海中央水团。它在增温季节，相对于变性剧烈的上层水和周围的沿岸水，才显现为冷水。12月至翌年3月为冷水团温盐特性的更新形成期；4~6月为冷水团的成长期；7~8月为强盛期；9~11月为冷水团向冬季更新过渡的消衰期。冬季黄海水团温度很低，只有5℃~8℃。从春季开始海面逐渐增温，在5~7米深处出现温度跃层，有效地保证了下层冷水不受上层增温的影响。到了夏季，表层最高水温28℃，底层温度只有6℃~8℃（图4-16），表底层温差达20℃~22℃。以△T=20℃计算，蕴

藏热量4×10^{20}焦耳。这是一个巨大的冷源，也是潜在的巨大能源。而在深海大洋中，8℃~10℃的低温海水要在400米深处才会出现。我国渤海、黄海、东海都不存在这个深度，只有南海存在，但是，广东省距离400米水深水域约400千米，海南岛最近距离也要300千米以上。只有台湾岛距离最近，也要5千米以上。南海水深浪大，水下设施很容易被风浪破坏，此外，从这样深处提水，本身也有很大难度。因此，黄海冷水团在世界上是得天独厚的巨大冷源。在全世界海洋中、低纬度区域，还没有一个像黄海冷水团这样浅水、低温、规模巨大

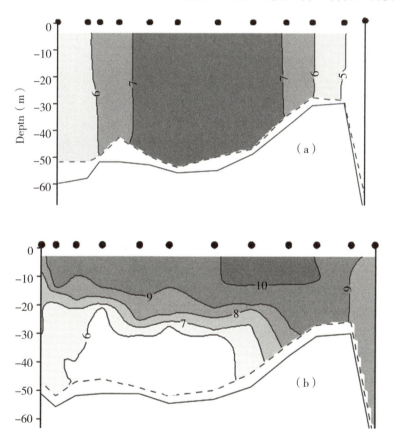

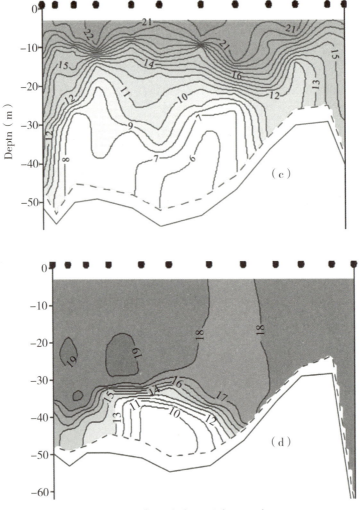

a.冬季；b.春季；c.夏季；d.秋季

图4-16 大连老虎滩—山东成山头温度断面[5]

的水域。

　　黄海冷水团以成山角至长山串连线为界，被分成南、北两个部分，南黄海冷水团与北黄海冷水团相比，温盐度均略高。相应地黄海冷水团有南、北两个冷中心（表4-2）。北黄海冷水团中心位置较稳定，约位于北黄海中部偏西，水深大于50米范围内，最低温度值变化范围为4.6℃~9.3℃。南黄海冷中心位置变化较大，位于北纬35°30′~36°45′、东经124°以西区域；最低温度值变化范围为6.0℃~9.0℃。

表4-2　黄海冷水团底层低温中心位置和逐月变化

			6	7	8	9
北黄海	位置		38°40′N 122°30′E	38°40′N 122°30′E	38°25′N 122°30′E	38°10′N 122°30′E
	温度		<6℃	<7℃	<8℃	<9℃
黄海南	东侧	位置	36°40′N 124°45′E	36°28′N 124°45′E	36°30′N 124°05′E	36°30′N 124°05′E
		温度	<7℃	<8℃	<8℃	<8℃
	西侧	位置	35°40′N 122°15′E	35°45′N 122°45′E	35°35′N 122°50′E	
		温度	<8℃	<9℃	<9℃	

黄海冷水团可以多种利用

黄海低温水的利用具有很高热效率：例如，1立方米水体从20米深处提到表面，要用0.2度电，而1立方米水体温度升高20℃，却要耗费20度电。耗电率只有1%。因此，具有广阔利用前景：

（1）夏季空调。

随着人们生活的提高，对生活质量的要求也越来越多，其中夏季室内降温（空调）已经成为城市人口生活的一部分，其中宾馆空调已经是不可或缺的东西。山东半岛许多中等城市（烟台、威海、荣成等）距离冷水团最近，例如，成山头外面距离陆地200米的底层水温度就是10℃；威海市距12℃等温线只有1千米，距10℃等温线30千米，距9℃等温线50千米。大连市的外面就是10℃等温线。山东半岛和辽东半岛具有利用这些低温水具有广阔前景。据国外学者估算，用低温海水做空调，耗费电量只有常规的1/10（图4-17）。

（2）促进低温养殖。

许多珍稀品种（大鲮鲆、海参）的养殖都需要相对低温水。如果空调之后、温度略为升高的弃用水排入就近养殖区，则可大大提高那里养殖产量。据养殖专家估计，仅此一点，就可将空调费用收回。

（3）也可以用于温差发电。

前面提到，在深海区，要取得低温水，需要400米以上管道，它面临风暴浪的袭击和破坏都比黄海高。在黄海只要40~50米的管道就能将低温水取上，节省9/10的管道，就将大大降低投资的费用。虽然黄海冷水团只有6、7、8、9

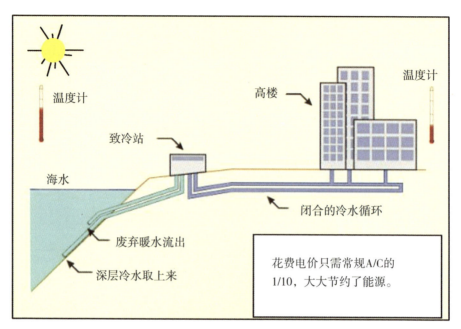

图4-17 用冷海水做中央空调

四个月温差可以利用,但是,这四个月风也是最小(除台风之外),这也大大降低风浪破坏的风险。

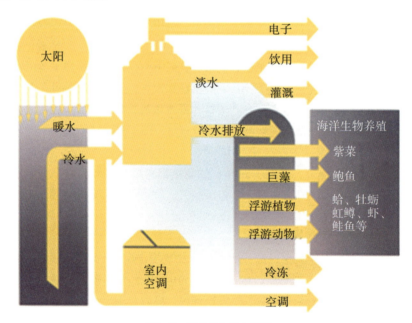

图4-18 温差发电综合利用

（4）也可以做海水淡化的凝结冷源。归纳起来，如图4-18所示。

要做更细的工作

（1）夏季对黄海冷水团南北两个中心做更详细观测，确定不同等温线到山东半岛和辽东半岛最短取水距离。

（2）对取水线路进行海底地质地貌勘探，以便确定是管道取水还是挖槽取水。

（3）对取水线路进行流速测定，对未来如果使用管道取水的稳定性进行研究。

（4）对这个海域波浪进行研究和极值推算，对铺设管道安全性设计进行研究。

（5）如果开挖海底深槽，要通过海流、波浪、泥沙等要素，推算深槽的淤积速度。

（6）对社会需求与工程可行性进行评估，推荐最佳方案。

（7）对生态影响进行评估。

海南岛东部夏季也存在巨量的低温水

海南岛东部是著名上升流区

海南岛东部沿岸上升流，是南海北部第二个强度较大的上升流区。琼东上升流从4月开始出现，6~8月最强，9月减弱，10月以后消失，这是大家熟知的季节变化。海南岛东部上升流持续时间长达6个月，作为季节性风场引起的上升流是少见的。上升流范围在18°30′~20°30′N之间、111°30′E以西直到岸边的狭长水域，只是在不同季节、不同纬度处，宽度略有变化而已（表4.3-1）。多年实测结果表明，上升流东西方向宽度随纬度而变，南部较窄，北部变宽。19°N处，整个夏季上升流宽度，基本保持在1/2纬距范围内；到了20°N处，上升流范围要扩大一倍。由于上升流的存在，海南岛东部南到陵水、北到琼州海峡东口的长200多公里的岸外浅水区域，夏季温度都偏低。

表4-3　20米层以上三条断面中上升流的空间宽度（千米）

	6月			7月			8月		
	19°N	19°5N	20°N	19°N	19°5N	20°N	19°N	19°5N	20°N
平均	44	75	102	50	81	102	62	78	100
最大	65	120	150	70	120	146	70	115	130
最小	38	50	79	33	70	81	30	70	80

注：资料取自"海洋调查资料"。

低温水也有多种用途

图4-19是海南岛东部19°30′N断面8月盐度分布，由图中可以看出上升流中高盐水可以上升到50米处，中间上升两边下降。中间上升水是来自南海深层水，在200米处水温只有15℃～16℃，和表层30℃水温相比，相差15℃，这是一个巨大冷源，夏季抽上来作为空调前端冷却水，可以节省大量能源。此外冷却水排海后，水温仍然低于环境水温，可以大力发展低温养殖，许多珍稀品种的养殖都需要相对低温水。

受上升流影响表层也是低温区

图4-20给出8月海水表层温度，由图中可见，琼州海峡东口最低温度只有22℃，比外海低7℃～8℃，如果把靠近岸边的低温水利用起来（如养殖）也是可以增加效益。

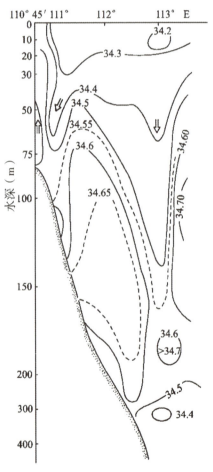

图4-19　海南岛东部上升流特征

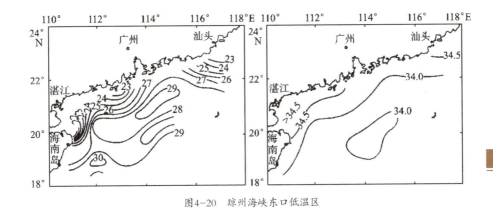

图4-20 琼州海峡东口低温区

温差能利用有巨大前景

（1）能量稳定。

和海洋其他能相比，海洋温差换能（OTEC）的优势明显。例如，最大海浪电力设备只能产生几千瓦的电力。海浪和海流具有的动能较低，波动很大。潮汐拥有较多动能，但是开发费用高，而且潮差要超过5米才有利用价值。OTEC不受潮汐涨落影响，也和有风无风无关。在热带海域，春夏秋冬可以持续、恒定发电。储存在海洋中太阳能永远取之不尽，用之不竭。

（2）发电同时可以获得宝贵副产品——水。

同时可以获得纯净的淡水。这是一些海岛最需要的资源。也是解决淡水资源稀缺等环境问题的有效手段。1000千瓦的海洋温差发电，一天可产生1.6万瓶纯净淡水。这对于南海诸岛是不小的福音。

（3）保护海洋环境，可以做到综合利用。

海水温差发电技术是无公害的清洁能源，几乎不排放二氧化碳，可能成为解决全球变暖一种手段。电解后还能得到燃料电池用的氢，由于电站抽取的深层冷海水中含有丰富的营养盐类，因而发电站周围就会成为浮游生物和鱼类群集的场所，可以增加近海捕鱼量。

参考文献：

[1] 本间琢也,黑木敏郎,楣川武信. 海洋能源[M]. 海洋出版社（北京）,1985

[2] 崔清晨,陈万青,侍茂崇,林振宏. 海洋资源[M]. 商务印刷馆（北京）,1981

[3] "十五"国家高技术发展计划能源技术领域专家委员会. 能源发展战略研究[M]. 化学工业出版社（北京）,2004, 245~249

[4] 王传昆. 我国海洋能资源开发现状和战略目标及对策[J]. 动力工程,1997年,05期

[5] 鲍献文,李娜,姚志刚,吴德星. 北黄海温盐分布季节变化特征分析. 中国海洋大学学报,2008

[6] Ocean thermal energy conversion.
http://oceanexplorer.noaa.gov/edu/learning/player/lesson11/l11la1.html

[7] ocean water and its wonderful potential http://www.terrapub.co.jp/e-library/dow/pdf/chap2.pdf

[8] http://www.google.com.hk/imgres?imgurl=http://www.energy

[9] Ocean thermal AABC. NOAA
http://moaa-aabc.org/Bob%20Cohen%20MOAA%202012%20Complete.pdf

[10] http://earthabservatory/nasa.gov/study/warmpool/

[11] http://www.seasolarpower.com

[12] Ocean Water and Its Wonderful Potential
http://www.terrapub.co.jp/e-library/dow/pdf/chap2.pdf

[13] Nihous, G.C. Mapping available Ocean Thermal Energy Conversion resources around the main Hawaiian Island with state-of-the-art tools. Journal of Renewable and Substainable Energy, 2010, 2, 043104

[14] J.T Kiehl and Kevin E. Trenberth. Earth's Annual Global Mean Energy Budget
http://www.geo.utexas.edu/courses/387h/PAPERS/kiehl.pdf

第五章
浓度差、压力差和风力发电

第一节 多情反被无情妒
——浅谈浓度差发电

用半渗透膜将淡水与咸水隔开，淡水就力图降低咸水浓度，于是淡水分子千方百计渗透到咸水一边，以便完成这个夙愿。不过，咸水这一边"并不领情"，通过提高水位，建立反向压力差，阻挠淡水分子渗透。于是渗透和反渗透展开一场拉锯战，可是科学家却从这里看到商机！

小实验大道理

一个小实验：把一个水箱中间用半渗透膜（如猪的膀胱膜或其他人工合成的膜，这种膜可以让水分子通过，而不让盐分子通过）分开，一边放淡水，另一边是盐水，开始盐水面与淡水面相平。过了一会儿你就会发现，盐水面逐渐升高，淡水面逐渐降低。由此表明淡水分子通过半透膜进入盐水内了。于是人们由此想开，这个升高的水柱，就具有一定势能，势能很容易转变成动能，然后驱动水轮机和电动机，发出有用的电力来。

大洋海水具有35‰的盐分，即一吨海水中有大约35千克的盐量（图5-1）。而近岸有众多河流入海，它们却是淡水。倘若不加以限制，那么，经过一定的时间，淡水与海水就会混合，盐的离子向淡水扩散，直至盐分均匀为止。然而，如果在淡水与海水之间也放一个半透膜，阻碍了这种直接混合。这时就会出现上述实验的情况：只有淡水分子向盐水中渗透，直到两者浓度相等为止。根据计算：一直要升到大约240米为止，即大约相当于24个大气压时这

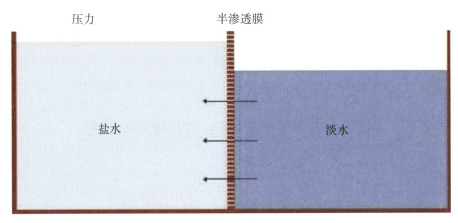

图5-1　淡水分子通过半渗透膜进入盐水

种渗透才能停止。这个巨大压力差，变成水流就可以发出电来。

然而海水体积太大，淡水体积太小，淡水不可能使海水升高240米！因此

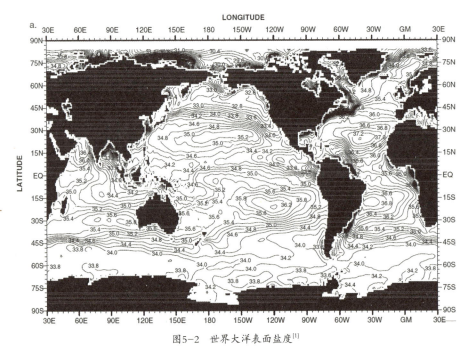

图5-2　世界大洋表面盐度[1]

也就建立不起"做功的本领"。怎么办呢？科学家又想出一个办法：在海水这一边再建立一个水压塔，这个水压塔朝向淡水一边是半透膜作壁，其余三面则与广阔的海水隔绝，只通过水泵与海水连接。水压塔接一根水平导管，那么，

只要其高度低于250米，导管中的海水就会喷射出来，由于导管的出口正对着水轮机的叶片，其喷射出的水流足以推动着水轮发电机发出电来（图5-3）。由于它是利用半透膜造成的压力差发电，因此又简称为PRO（Pressure-Retarded Osmosis）。

我们可以简单地算出由导管出水喷出的水流所具有的能量，其最大输出功率为：

$$P_{max} = mgh + \frac{1}{2}mv_e^2$$

式中 m 为从出水流出的海水质量，g 为地球的重力加速度，h 为出水口离海水的高度，v_e 为出水口流的速度。

这种在海水与淡水交界面上的盐浓度差（或称海洋浓度差）可以产生能量，利用这种能量进行发电，就称为盐浓度差发电或海洋浓度差发电。这种能量的开发利用是不久前才提出来的，它是一种新的海洋动力资源的研究项目。

在一般情况下，导管流出的水量，应由通过半透膜而渗透过来的淡水加以补充。显然，淡水的渗透速度越快，所产生的 P_{max} 也就越大。

尽管这样的装置可以发电，但也存在一些问题：由于海水与淡水间的渗透

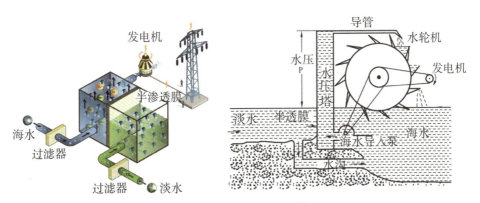

图5-3　浓度差发电示意图[18]

压差较大，使水压塔中的水柱可高达约240米，这就使得处于水压塔下端的半透膜受压过大，如果这种半透膜所能承受的机械强度太大，那么就会影响其使用寿命，增加了停机检修的次数，从而中断发电；此外，由于淡水中的水分子源源不断地向水压塔渗透，必然使其中的海水盐浓度降低，相应的就会引起水柱高度的下降，从而直接影响到输出功率。

为了克服这两个弊端，R.S.诺曼博士改进了原装置，增加一个海水导入

泵。他把水轮机与水泵联系起来，海水依然是从导管中流出，但导管的高度却相当于海水与淡水渗透压差的一半稍低些，这样在半透膜上所承受的压强大致在10～11个大气左右。由于半透膜所承受的压强降低，它的寿命就可大大延长。同时，海水导入泵既防止水压塔中海水的漏溢，又保证维持水压塔中的海水具有一定的盐浓度，不致于使淡水和海水间的渗透压差降低。而海水导入泵的动力损失都包括在内，该装置的综合效率也有25%，因此，只要每秒渗入1立方米的淡水，就依然可得到0.5兆瓦的输出能量。

第一座浓度差发电机问世

基于10年研究成果，2009年，挪威能源集团投资1300万欧元，在江河入海口建一个海洋渗透能发电厂进行试验。厂房占地2000平方米，发电能力10千瓦（图5-4）。这种新能源十分环保，不排放二氧化碳，没有垃圾产生，不受天气影响。其内部结构如图5-5所示。

图5-4　世界第一个浓度差发电厂已经在挪威东海岸运转[2]

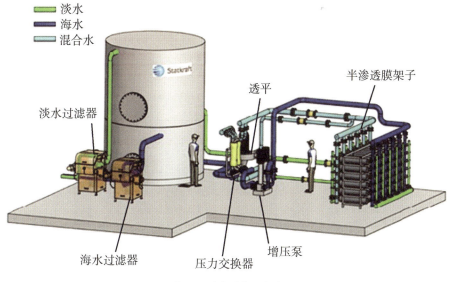

图5-5 内部设备示意图

前景瞻望

淡水和海水之间所产生的渗透压便能推动涡轮机来发电,那么在盐浓度更高的水域里,如地中海和死海等,海洋渗透能发电厂的发电效能更为理想。在死海,淡水与咸水间的渗透压力相当于5000米的水头。据估计,世界各河口区的盐差能达30TW,可能利用的有2.6TW。我国的盐差能估计为1.1×10^8千瓦,主要集中在各大江河的出海处,同时,我国青海省等地还有不少内陆盐湖可以利用。江河入海口往往人口居住密度较大,通过海洋渗透能发电可以有效地解决用电量大的问题。一个足球场大小的海洋渗透能发电区域,便能满足15000个家庭的电力需求。挪威毗邻大海,自然条件非常优越,利用海水渗透发电获取能量的前景十分看好。能源专家研究的结果表明,利用海洋渗透能发电能够满足挪威1/3的用电需求。预计半透膜产生电能4~6瓦/平方米,2009年已经达到1.7瓦/平方米,半透膜的寿命要求在7~10年。有的专家预测,2030年,浓度差发电的经济成本,将接近非再生能源(图5-6)。

当然,利用海洋浓度差能量的方法,除上述的渗透差压方式外,还有诸如浓差电池、蒸汽涡轮、冷冻法等。目前,不少国家都在进行实验性的研究。

盐差能的研究以美国、以色列的研究为先,中国、瑞典和日本等也开展了一些研究。利用海洋浓度差所产生的能量,虽然比海水的温差能量要少,但绝对量仍然相当可观。因而不少国家对此项研究也颇为关注。

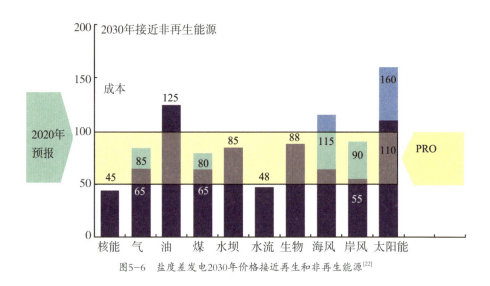

图5-6 盐度差发电2030年价格接近再生和非再生能源[22]

第二节 水上风车连广宇

——风力发电种种

风能——太阳能的另一种存在形式

太阳不断地向地球辐射能量,而到达地球的太阳辐射能中,约有20%被地球大气层所吸收。由于地球表面各处受太阳辐射后散热的快慢不同,加之空气中水蒸气的含量不同,从而引起各处气压的差异,结果高压地区空气便向低气压地区流动,从而形成了风,因此,风能也是太阳能另一种形式,是一种不断再生的没有污染的清洁能源。

全球储存的风能,相当于10800亿吨煤所储藏的能量,是目前地球上人类一年所消耗能量总和的100倍。因此,在未来的再生能源利用中,也是不可小视的重要分量。

风能的大小和风速有关,风速越大,风所具有的能量就越大。通常,风速为8～10米/秒的五级风,吹到物体表面的力,每平方米面积上达10公斤;风速20～24米/秒的九级风,吹到物体表面的力每平方米面积上达50公斤;风速为

50～60米/秒的台风，对于每平方米物体表面的压力，高达200公斤。近地面层每年可供利用的风能，约相当于500万亿度的电力。由此可见，风能之大是多么的惊人。一般来说，3级风就有利用的价值。但从经济合理的角度出发，风速大于每秒4米才适宜于发电。据测定，一台55千瓦的风力发电机组，当风速为每秒9.5米时，机组的输出功率为55千瓦；当风速每秒8米时，功率为38千瓦；风速每秒6米时，只有16千瓦；而风速每秒5米时，仅为9.5千瓦。可见风力越大，经济效益也越大。

风能怎样变成电能

风力发电机由机头、转体、尾翼、旋转叶片组成。每一部分都很重要，各部分功能为：旋转叶片用来接受风力并通过机头转为电能；尾翼使旋转叶片始终对着来风的方向，从而获得最大的风能；转体能使机头灵活地转动以实现尾翼调整方向的功能；机头的转子是永磁体，定子绕组切割磁力线产生电能。

尽管风力发电机多种多样，但归纳起来可分为两类：水平轴风力发电机和垂直轴风力发电机。

（1）水平轴风力发电机。

水平轴风力发电机，是叶片的旋转轴与风向平行（图5-7）。进一步又可

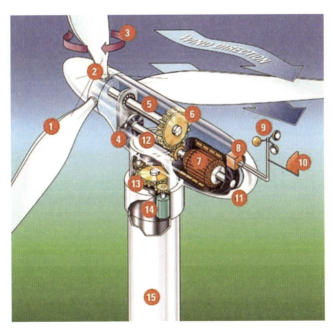

图5-7　水平轴式风力发电机

1.叶片，2.转子，3.调整角度，4.制动，5.低速轴，6.齿轮箱，7.发电机，8.控制器，9.风速计，10.风向标，11.外壳，12.高速轴，13.调整方向，14.调整方向马达，15.塔

分为升力型和阻力型两类。升力型风力发电机旋转速度快,阻力型旋转速度慢。风力发电,多采用升力型水平轴风力发电机。大多数水平轴风力发电机具有对风装置,能随风向改变而转动。对于小型风力发电机,这种对风装置采用尾舵,而对于大型的风力发电机,则利用风向传感元件以及伺服电机组成的传动机构。

(2)垂直轴风力发电机。

垂直轴风力发电机,叶片的旋转轴垂直于地面或者气流方向。在风向改变的时候无需将叶片对准风向(图5-8)。在这点上,相对于水平轴风力发电机是一大优势,它不仅使结构设计简化,而且也减少了旋转叶片对风的陀螺力。

a."城市绿色能源"的VAWT转子; b.撒乌纽斯转子
图5-8 垂直轴式风力发电机

浅水风力发电代表作

丹麦的Horns Rev是一个浅水区,位于丹麦西北端,它具有世界上第一个最大岸外风力发电场:2002年发电量160兆瓦。发电机位于5千米×3.8千米区域内,共8列10排。彼此距离460米,交通的主要手段是直升机,可以降落在发电机的平台上。因为一年大部分时间内海况恶劣,船只无法接近林立的电厂。发电机的基本结构和安装形式如图5-9所示。由图中可以看出:这个发电机高出水面110米,从海面"直插云霄";水面到海底6.5~13.5米(不同水域深度略有差别);钢管深入海底下面22.24米,这是稳定发电机结构所必需的。此外,它不仅是一座发电的钢铁巨人,而且还有个人居住空间,有直升机起重平台可供直升机降落，有个人电梯可供上下升降。

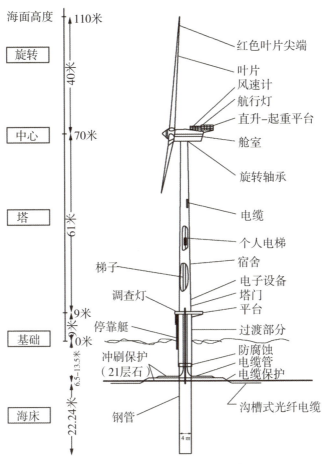

图5-9 丹麦Horns Rev海上风力发电装置

向深水进军的困难

向深水进军说来容易，做起来很难。

海上风电一直没能跟上陆上风电的发展速度，与高额的施工成本是分不开的。华锐东海大桥风力发电机结算下来，1千瓦是2.3万元，10万千瓦的风场就是23亿元，其中，施工占了总成本的60%以上，近14亿元。当然，上海东大桥风力发电项目有其特殊性：有长江淤泥形成的底质，又属滨外冲刷地带，所有的风机都必须用钢装，每台风机打下去后要先安装一个深80米直径1.7米的钢桩，每台风机打8根，要500吨的锤子砸，再做一个混凝土的平台，平台上装风机，成本就节节高升了。其他海上风场的施工成本虽然会有所降低，也占整个成本的50%左右。

随着水深加深，发电的难度越来越大，投资也越来越多（图5-10）：在水深浅于33米的区域，风力发电是属于"浅海技术"，发电机的安装基本就是单桩、重力桩和吸力罐式几种形式。基底与海底固定在一起，靠海底的"定力"来保证发电装备的安全性。没有海底的稳定性和对桩柱的牢牢固定，那高100多米的钢铁巨人在暴浪的劫持下，随时有倾覆的可能（图5-10）。

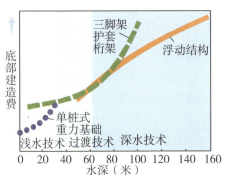 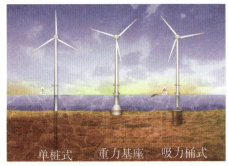

图5-10　浅海风力发电技术[9,10,11]

从33～63米，风力发电是属于"过渡技术"，从63～160米，风力发电是属于"深水技术"，这时风力发电基座不能简单依靠钢管与海底连接在一起，

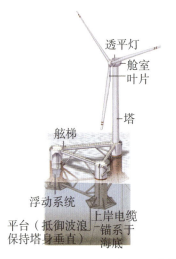 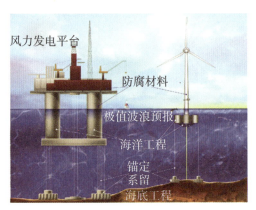

图5-11　过渡区及深水区风力发电基座安装[5]

而是要靠三脚架和浮动结构来完成（图5-11）。巨型三脚架是在海上建造风力涡轮机的基础，它们尺寸巨大，有的立起来能达到65米，重量可达950吨，顶得上950辆轿车，而这些设备需要通过浮船运到海上的风电场进行安装，其难度可想而知。

海上风力发电的现状

近20年来海上风力开发量

当前，世界各国对风能的利用，主要是以风能作动力和发电两种形式，其中以风力发电为主。以风能作动力，就是利用风轮来直接带动各种机械系统的装置，如带动水泵提水等。这种风力发动机的优点是，投资少、工效高、经济耐用。目前，世界上有一百多万台风力提水机在运转。澳大利亚的许多牧场，都设有这种风力提水机。

世界上拥有海上风力发电站最多的国家是英国，已经超越了之前的榜首丹麦（图5-12）。在新建了两个3.6亿瓦风力涡轮机（位于英格兰东部海岸附近）发电站之后，英国在风力发电的、可再生能源领域树立了龙头地位。现在，英国来自岸上及海上风力发电站的电量达到30亿瓦，足够供应150万家庭使用。其中，海上风力发电占了20%。到2020年，英国的海上风力发电能力几乎要占到全球市场的一半。即到2020年时，全国15%的电力需求都要来自可再生能源。

丹麦在利用风能方面有着长期传统。在过去25年中的显著研究成果，使得丹麦

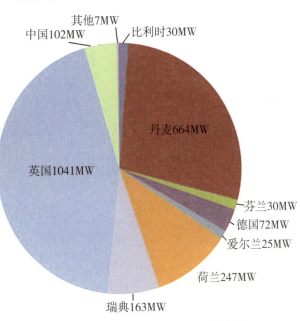

图5-12　1991-2010年全球海上风力发电能力[6]

在现阶段有超过20%的电力供应来自于风力发电。2009年，全世界约20%的风力发电机组由丹麦公司提供。目前，全世界90%的海上风力发电机组不是在丹麦生产就是由丹麦研发或者提供组件。诸如维斯塔斯，西门子风能，苏司兰和愿景能源等全球性的公司，都已经在丹麦开设了研发机构。

在日本福岛核电站出事之后，德国人神经紧张到极点。德国总理默克尔宣布德国将从核电大国行列中退出，并制订了发展可再生能源的计划。按照规划，德国将使可再生能源发电比例从目前的20%逐渐增加至2020年的35%，2050年达到80%。

陆海风力发电优劣对比

海洋风能开发体系和陆地风能开发是相似的。如果说有差异的话，就是将风车安置在海洋中，远离开陆地。因此，基座安装费用要比陆地高得多（图5-13）。但是，为了与陆地上的控制系统相连接，要在海底铺电缆，费用投资就要增多。据业界的分析，与陆地风能开发相比费用要高出2倍左右。但是海风本身解决了费用问题：

（1）与陆地风能开发园区的平均规模15兆瓦相比，海洋风能开发基地的规模到达了300兆瓦，是陆地风能的20倍之多。

（2）陆地风能的开发效率，即能转化为电力的风力不到29%，相反，海洋风能的开发效率是40%，与陆地风能相比，高出1.4倍左右。

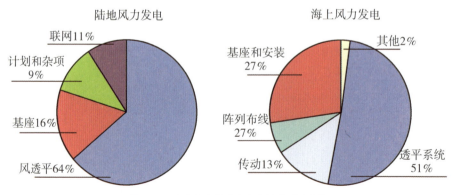

图5-13　陆地和海洋风力发电投资项对比[7]

（3）噪声和视觉污染是风力发电最大的弊端。要建立和谐社会，解决"民怨"是不能忽视的要素。而海洋风力发电可以适当解决民怨问题。

例如，某些国家已经在适当的地点设置了风力发电设备，可是由于噪声和振动的因素，引发不断的"民怨"投诉。韩国计划在济州岛南山建设的风能开发园区就是因为"民怨"问题没能实现。一些英国环境学家对那一排排高耸入云的风力涡轮机也是耿耿于怀。他们虽然口头上支持开发任何形式的可再生能源，但认为那一排排竖立在乡村的庞然大物破坏了英国美丽的农村风光，希望能恢复过去的自然环境。一批从事海洋研究的工程师却从那一片批评声中看到另外一个商机：是的，应该反对在陆地上发展风力发电，海洋才是这些耸入云端的风力发电机的最佳场所：英国四面环海，海上风力比陆地上的风力要大而且更稳定。风力发电机对环境造成的噪声污染的缺点，对于海上风力发电来说，是完全可以忽视不计的"小菜一碟"。

（4）影响鸟类的生存和迁徙海上要比陆地小得多。

（5）利用茫茫大海中的海风能能解决占地问题。

我国加大风力发电步伐

我国幅员辽阔，海岸线长，风能资源比较丰富。据国家气象局估算，东南沿海及其岛屿，为我国最大风能资源区。这一地区，有效风能密度大于、等于200瓦/平方米的等值线平行于海岸线，沿海岛屿的风能密度在300瓦/平方米以上，有效风力出现时间百分率达80%~90%，大于、等于8米/秒的风速全年出现时间约7000~8000小时，大于、等于6米/秒的风速也有4000小时左右。东南沿海仅仅由海岸向内陆几十公里的范围有较大的风能，再向内陆则风能锐减。其中，福建的台山、平潭和浙江的南麂、大陈、嵊泗等沿海岛屿上，风能最为可观：台山风能密度为534.4瓦/平方米，有效风力出现时间百分率为90%，大于、等于3米/秒的风速全年累积出现7905小时。换言之，平均每天大于、等于3米/秒的风速有21.3小时，是我国平地上有记录的风能资源最大的地方之一。

2010年1月22日，国家发布《海上风电开发建设管理暂行办法》，标志着国家能源局开始强化海上风电开发的管理，同时启动了首批海上风电特许权项目。截至2010年底，我国海上风电装机容量为14.25万千瓦，在2010年世界海上风电装机总量中占4%左右。2011年6月，国家能源局公布了中国海上风电的发展目标：2015年建成500万千瓦，形成海上风电的成套技术并建立完整产业链；2015年后，进入规模化发展阶段，达到国际先进技术水平，在国际市场上占有一定市场份额，到2020年建成海上风电3000万千瓦，超过外国专家预测的5倍（图5-14）。"十二五"时期，我国海上风电产业将进入加速发展期。2010年亚洲风力发电能力，中国占73%，其次是印度，只占21%。

科学家认为，虽然近海/离岸风能发电成本高于陆上风能，但新的近海风

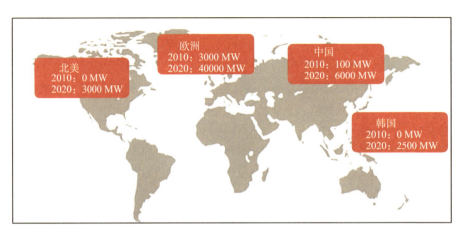

图5-14 海洋风力发电2010年现状和2020年预测[12]

能项目成本却低于同规模的煤炭发电成本,接近于新天然气发电项目。而且十年之内,海上风能是海洋发电项目中唯一能达到十亿瓦特级的。

2011年2月,中国第一座海上风电场示范工程,也是亚洲第一座大型海上风电场上海东海大桥海上风电场的34台机组安装完毕(图5-15)。随后于6月实现并网发电,为40万家庭提供用电。该风电场位于连接上海和洋山港区的东海大桥东侧1～4公里。海域平均水深10米,海面以上90米高度的年平均风速

图5-15 东海大桥风力发电远景[图自百度]

每秒8.4米（相当于3级风），设计年发电利用小时数为2624小时，年上网电量2.67亿度，总装机容量102兆瓦，总投资23.65亿元。东海大桥海上风电场建成后，与燃煤电厂相比，每年可节约8.6万吨标准煤，减轻排放温室效应性气体二氧化碳23.74万吨。

2012年8月8日凌晨，上海东海海面迎来台风"海葵"带来的最大风力时刻，台风期间风场最大局部瞬时风速超过40米/秒，在台风到达时全部安全切出，台风过后顺利恢复并网发电，以优秀的表现度过了此次特大台风。

战斗正未有穷期

风电是世界范围内发展速度最快的新能源，海上风电则代表了当今风电技术的最高水平，要求设备高可靠、易安装、易维护，市场规模极大。德国能源专家说，海上风力发电有其不可比拟的优势。海上风力发电比陆上风力发电效率更高，工作能力更强。通常，陆地上的风力发电涡轮只能达到在20%的时间里全速工作，而在海上这一时间可达50%。但发展海上风力发电也存在较大困难。在海上建立风力发电设备需要巨大资金投入和复杂的技术支持。此外，在海上建造和维护风力发电涡轮的条件比在陆上苛刻许多。

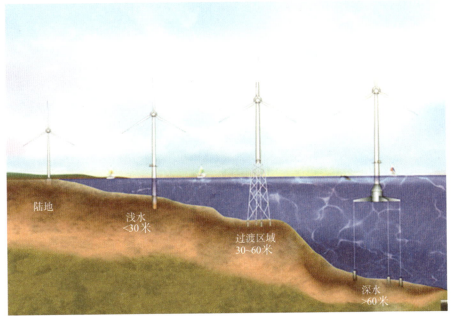

图5-16 风力发电机逐渐向深水推进[5]

该行业中有一些人士认为，目前海上风力发电还不能确切的称为"海上风力发电"。何谓"真正的海上风电项目"呢？Giese认为：真正的海上风电项目是指其所在位置的水深为30米左右，与海岸的距离达50～60米，且安装的风力发电机的型号也比较大，如5兆瓦的海上风力发电机（图5-16）。

但是要做到"真正海上风电项目"还存在许多困难：

（1）制造与安装的困难：不仅需要更大的风力发电机零部件，而且还需要非常昂贵的运输安装设备。更重要的是，市场上能够提供更大风力发电机部件的供应商非常少。

（2）运行与维修的困难。要求海上风力发电组件可靠，当风刮起来的时候，你的工作也不会发生故障。但是通常来讲，不管是何种类型的风力发电机，一旦有风吹向它就会出现技术问题。这时维修除了船外，还需要停机坪。海上风电场每时每刻需要2500个人对成千上万的风力发电机进行检修维护。Williamson说："直升机固然不错，不过它会受到天气以及可使用数量的限制。因此，要向海上舱室模块发展，并将其作为服务维护中心。"

（3）海上风电场与陆地电网连接的困难。Sykes认为高压直流输电（HVDC）是把电力运送到海岸最佳形式。

展望未来,我们所采用的安装方法及基础非常易于操作,风力发电机还具备安装容易，建造与装配便捷，质量更轻及整体性更强的特点。

第三节　深海压力也有用

随着深度的增加，海水的压力将逐渐增大，水深每增加10米，压力就增加1个大气压。在大洋11000米的深处，海水的压力就将是1100多个大气压。因此，很早以来就有人设想要开发利用如此巨大的海水压力。

1914年，一位名叫乔利的人曾发表了一篇"关于在海底设置钻孔机的运转原动力的研究"的论文，其中提出了如何利用海水压力差来作为海底钻孔机运转的原动力的构思。也许是当时人们把这种设想看得过分遥远，此后很长的时间无人问津。直至1970年，在英国召开的海洋工程学国际会议上，才有人再次发表关于这方面的文章。到1973年，美国已试制成了这种装置，并成功地进行了试验。

图5-17所表示的是一个海水压力简单的系统示意装置，由过滤器、流量调

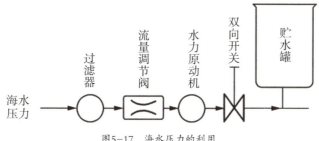

图5-17 海水压力的利用

节阀、水力原动机、双向开关和贮水罐组成。过滤器是为了防止浮游生物进入导管，以免管道堵塞；流量调节阀用以调节进入水力原动机的流量大小；水力原动机是整个装置的关键，在深水的压力下，通过流量调节阀进入的水流使水力原动机开始运转，然后带动动力钻孔机进行钻孔勘探作业；双向开关的作用在于，只允许处于高压状态的海水通过导管流入贮水罐；贮水罐通过导管与开关相连接。

其操作过程大致是：在开始工作前，先把贮水罐密封起来，这就是说，在罐内贮存着1个大气压力的气体。这样，当整套装置潜入海底后，在水力原动机的内外就造成了很大的压力差，此压力差启动了双向开关，这时处于高压状态下的海水就通过导管进入贮水罐。强大的水流推动着水力原动机运转，最后带动着动力钻孔机进行作业。水力原动机的用力大小，可通过流量调节阀来控制。显然，在一定的压力条件下，进水流量大，供给水力原动机的转动力矩就大，钻孔机的工作能力就提高。当贮水罐进满水后，水力原动机的两边压力差为零，双向开关即自行关闭，导管内海水停止流动，水力原动机亦停止转动，钻孔机也即停止工作。这时可将贮水罐提出水面，倒掉海水，然后再重复操作。

在应用海水压力差能量方面，作为钻孔机的动力只是其中的一种。据报道，按照同样的原理，国外已在试验利用海水压力差来给海中超声波脉冲转发器和其他电子仪器提供能量。

第四节　海上太阳能利用

据英国《每日邮报》网站5月4日报道，世界最大太阳能游艇"图兰星球太阳"号（MS Turanor PlanetSolar）已于日前完成环球航行，顺利返回摩纳哥赫尔克里港（图5-18）。

"图兰星球太阳"号于2010年9月27日自摩纳哥起航,整个航程约7.96万公里,耗时长达20个月。此次航行共创造了4项吉尼斯世界纪录,包括太阳能动力船首次环游世界,以及航行过程中停靠6个大陆等。该船到访了美国迈阿密、太平洋的加拉帕戈斯群岛、中国香港等地,还在索马里抵御了海盗袭击。更重要的是,它在联合国世界气候变化大会期间到达会议举办地墨西哥坎昆,并在那里宣传可持续能源的使用。

耗资1250万欧元建造的"图兰星球太阳"号是目前世界上最大的全太阳能动力双体船,它的甲板上铺设了537平方米的太阳能电池板,为船体两侧配备的4个电动马达提供能量。船上同时配有6个巨型充电锂电池,从而保证该船可以在没有日照的情况下继续航行。船体长31米,可容纳40名乘客。根据其船身大小来看,电池板提供的能量可使该船最大速度达到每小时14海里。

船名中的"图兰"则取自英国作家托尔金(J.R.R. Tolkien)的小说《指环王》,意为"太阳的能量"。

图5-18 "图兰星球太阳"号胜利返航[13]

日本提出在太平洋上建设太阳能岛的设想。该岛所生产的能量,相当于一座核电站的生产能力。这个被称为"海上能源基地"的小岛,将由3000个六角形的浮体组成。在浮体上铺设着太阳电池板,形成一个直径为3公里、面积达7平方公里的圆形太阳能岛。该岛将定位于北纬10°~20°,东经

150°～160°。在小岛附近，还将建一个海上平台，上面安装专用设备，利用太阳能岛所生产的电能，从空气中制取氢气，氢气经液化后运回陆地，替代石油和天然气。由于这一海域接近赤道，阳光照射强烈，太阳电池的发电效率将比在日本本土上提高2倍以上，其产生的电能可与一座输出功率为86万千瓦的核电站相当。

我国辽河油田浅海石油开发公司在海南24、葵东101、葵东103导管架采油平台上分别安装上太阳能电池板（图5-19），产生的电主要用于采油平台远程监视系统和助航系统，替代电网供电，解决了海上采油平台用电难题。

图5-19　葵东103导管架采油平台太阳能电池板（黄振华摄）[14]

第五节　未来海洋很精彩

波浪送你去远航

日本一位69岁老航海家和环境学家Kenichi Horie利用东京大学设计的波能推动艇《Suntory Mermaid II》号（图5-20），2008年3月16日离开夏威夷，7月4日回到日本，全程7000多千米。这艘小艇重3吨，长9.5米，用3毫米厚的铝皮制造，它既轻便结实又抗腐蚀。该艇利用装在水下的两个"鳍"随波浪上下运动产生的反作用力，推动小艇向前运动，船速每小时约2.8千米，历时110天，完成无停顿地跨越太平洋的光辉航程。在航行旅途中他吃的是大米、咖喱粉、鱿鱼和飞鱼。此外，该小艇上所有无线电设备和电器供电，都是利用太阳能发的电力供应。过去只有利用风力做过跨洋航海冒险，他则是利用波能航海、全绿色能源生活的世界第一人，他将把神话一般的传说，变成活生生的现实。在他家乡为他举行的盛大欢迎会上，他说："我认为，我只是一个幸运的男孩子！"

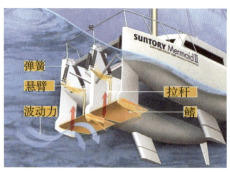

图5-20　波浪驱动船《Suntory Mermaid II》[15][16]

海洋远处建家乡

能源岛的设计者多米尼克·迈克利斯为英国皇家建筑师协会会员。他设计的能源岛可以24小时不间断采集风能、太阳能、潮能和热能。多米尼克·迈克利斯设计蓝图是：OTEC放在能源岛中心，在直径600米的平台上还装有风力发电机，太阳能转换器，平台下面则是波浪发电设备（图5-21）。

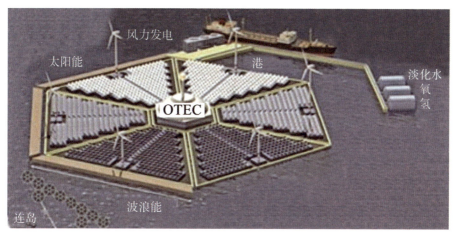

图5-21　多米尼克·迈克利斯设计的能源岛

一个标准的6边形岛屿能产生25万千瓦电能，用不完，则可用电缆送到陆地，每度电约10美分，每座岛可产生价值6亿美元电能。电能并不是这里制造的唯一能源，还可以从海水中分离氢，氢燃料可以用船运至陆地，生产氢燃料

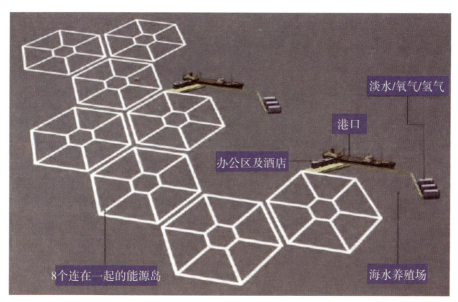

图5-22　多个能源岛连在一起的设计[17]

电池。

如果将多个能源岛连在一起，还可以形成小型岛屿般的能源生产基地。此外，该基地还可以为农作物生长提供充足的温室条件，而从深海抽吸的冰冷海水则富含多种营养成分，可用于水产养殖。它甚至还能变身为漂浮在海面上的小型港口。供过往船只停泊，同时还可为观光者提供住宿。风儿吹着，风车转着，人类社会与自然显得分外和谐。

可以说，以能源变局为代表的第三次工业革命，将是实现生态文明和"美丽中国"理念的唯一途径，使得不堪重负的自然环境有望得到喘息和休整的机会，也使得"前人栽树、后人乘凉"的发展模式有了实现的可能。

参考文献：

[1]Levitus, S, Burgett, R, and Boyer, T . World Ocean Atlas1994, Vol. 3, Salinity, NOAA Atlas NESDIS 3, 99, US Government Printing Office, Washington, DC.

[2]Salt Power: Norway Project Gives Osmotic Energy a Shake
news.nationalgeographic.com/news/energy/2013/01/130107-osmotic-energy-norway/

[3]Ocean Water and Its Wonderful Potential.
http://www.terrapub.co.jp/e-library/dow/pdf/chap2.pdf

[4]http://www.worldenergy.org/documents/congresspapers/63.pdf

[5]Company floats idea of Pacific Ocean wind power.
http://www.oregonlive.com/environment/index.ssf/2008/10/unknowns_buffet_ocean_wind.html

[6]Large-Scale Offshore Wind Power in the United States.
http://www.nrel.gov/wind/pdfs/40745.pdf

[7]Cost Analysis Wind Power.
http://www.irena.org/DocumentDownloads/Publications/RE_Technologies_Cost_Analysis-WIND_POWER.pdf

[8]2013-2017年中国海上风力发电行业投资分析及前景预测报告
中国投资咨询网 www.ocn.com.cn

[9]2010 Cost of Wind Energy Review.
http://www.nrel.gov/docs/fy12osti/52920.pdf

[10]View Presentation.
http://www.gawwg.org/images/Tybee_Offshore_Wind_11_30_10_24_Compatibility_Mode.pdf

[11]http://eneken.ieej.or.jp/3rd_IAEE_Asia/pdf/paper/116p.pdf

[12]E.ON Offshore Wind Energy
http://www.eon.com/content/dam/eon-com/en/downloads/e/EON_Offshore_Wind_Factbook_en_December_2011.pdf

[13]世界最大全太阳能游艇成功完成环球航行
http://www.chinadaily.com.cn/micro-reading/dzh/2012-05-07/content_5849684.html

[14]http://news.cnpc.com.cn/system/2007/11/08/001136337.shtml

[15]http://en.wikipedia.org/wiki/Kenichi_Horie_world_record

[16] The Suntory Mermaid II Wave-Powered Boat.
http://inhabitat.com/transportation-tuesday-the-wave-powered
[17] OCEAN ENERGY TECHNOLOGIES for RENEWABLE ENERGY GENERATION.
http://www.geni.org/globalenergy/research/ocean-energy-technologies/
[18] S. Loeb, "Osmotic Power Plants," Science, 1975, vol.189, pp. 654-655.
[19] Offshore Wind Project Cost Breakdown.
http://www.emerging-energy.com/uploadDocs/Excerpt_GlobalOffsh
[20] Stein Erik Skilhagen*, Jon E. Dugstad, Rolf Jarle Aaberg, "Osmotic power — powerproduction based on the osmotic pressure difference between waters with varying saltgradients" Desalination 220 (2008) 476~482
[21] Loeb, S., T. Honda, and M. Reali, "Comparative mechanical efficiency of several.
[22] S. Loeb, "Osmotic Power Plants," Science, 1975, vol.189, pp. 654~655
[23] OCEAN ENERGY TECHNOLOGY.
http://www.geni.org/globalenergy/research/ocean-energy-technologies/